教学大纲 ▸ 教学课件 ▸ 微视频 ▸ 习题答案

人工智能通识

王玉贤◎主编

王　芸　黄永健　陈天伟◎副主编

人民邮电出版社

北　京

图书在版编目（CIP）数据

人工智能通识 / 王玉贤主编. -- 北京 ：人民邮电

出版社, 2025. -- ISBN 978-7-115-67650-4

Ⅰ. TP18

中国国家版本馆 CIP 数据核字第 2025TJ4285 号

内 容 提 要

人工智能（Artificial Intelligence，AI）技术正在重塑社会、经济和人类生活的方方面面。然而，公众对 AI 的认知仍存在显著差异：一方面，技术从业者深耕专业领域，却缺乏对 AI 伦理和社会影响的系统性理解；另一方面，普通学习者往往被复杂的数学公式和代码所劝退，难以掌握 AI 的基本原理与应用逻辑。因此，编写一本面向广大读者的人工智能通识教材具有重要意义。本书结合当前热门的大模型，介绍了人工智能的技术、行业应用和基本原理，以及生成式人工智能的应用，涵盖文本、图像与视频生成及智能体构建等。此外，本书还探讨了人工智能安全与伦理问题，强调伦理规范与监管的重要性。

本书适合对人工智能感兴趣，希望了解人工智能的社会人士，以及高等院校师生和相关专业人员阅读。

◆ 主　　编　王玉贤
　　副主编　王　芸　黄永健　陈天伟
　　责任编辑　秦　健
　　责任印制　焦志炜
◆ 人民邮电出版社出版发行　　北京市丰台区成寿寺路 11 号
　　邮编　100164　电子邮件　315@ptpress.com.cn
　　网址　https://www.ptpress.com.cn
　　保定市中画美凯印刷有限公司印刷
◆ 开本：787×1092　1/16
　　印张：12.5　　　　　　　　2025 年 8 月第 1 版
　　字数：208 千字　　　　　　2025 年 8 月河北第 1 次印刷

定价：49.80 元

读者服务热线：(010)81055410　印装质量热线：(010)81055316
反盗版热线：(010)81055315

前　言

　　人工智能（Artificial Intelligence，AI）已成为全球科技革命与产业变革的核心驱动力，其应用场景从日常生活延伸到了各个行业领域。然而，公众对人工智能的认知存在显著差距。本书立足于人工智能教育的"普及性"与"前瞻性"，旨在构建一套符合新时代人才培养需求的通识教材体系。通过"项目导入—技术解析—应用实践—伦理反思"的完整逻辑框架，帮助读者建立从认知理解到实践创新的知识闭环，填补当前教材中"重算法轻应用、重技术轻人文"的不足。

　　相较于其他图书，本书具有以下 5 个鲜明特色。

创新"未来场景—技术解密—产业赋能—伦理共生"四维叙事框架

　　打破传统教材"技术堆砌"的编写模式，采用故事化场景导入（项目 1）：以"未来小轩的一天智慧生活"作为沉浸式叙事的开篇，通过主人公小轩的视角，将人工智能技术具象化为衣、食、住、行等生活场景，使抽象概念可视化，激发非技术背景读者的学习兴趣。绘制行业赋能全景图（项目 3）：覆盖制造、交通、金融、医疗、文化等领域，精选案例，展现技术落地的逻辑过程，而非单纯的功能罗列，切实解决读者"学而无用"的痛点。通过结合具体行业需求，例如智能制造（项目 3）等相关岗位，帮助读者在职场中快速应用人工智能技术，提升工作效率。

系统性解析 AIGC 技术链

　　紧扣生成式人工智能的技术前沿，全面剖析核心技术栈。本书内容涵盖从人工智能的技术基石（项目 2）、基本原理（项目 4）、AIGC（项目 5），到具体应用场景中的 AI 文本生成（项目 6）、AI 图像与视频生成（项目 7）等。通过结合当前主流工具与实例，弥补市场上相关技术图书对生成式人工智能技术讲解的不足（目前，大多数图书主要聚焦于传统机器学习方法）。

"做中学"深度贯穿：从智能体开发到伦理实战

实现工程思维，培养创新能力。项目 8 介绍了智能体的构建过程，而项目 9 则围绕人工智能的伦理、安全、隐私和监管问题，设定了知识、能力与素养 3 个方面的目标。这种方法区别于同类图书的理论说教模式，通过实际操作与案例讲解，使读者不仅能够理解相关概念，还能够在实践中应用这些知识，从而增强解决实际问题的能力。

立体资源矩阵构建"终身学习生态"

本书提供丰富的配套资源，打造动态案例库，并实时更新 AIGC 领域的政策法规与技术白皮书。推出"轩辕 AIGC 实战平台"（http://aigc.xuanyuan.com.cn)，联合国内 AI 实验室，提供在线 GPU（Graphic Processing Unit，图形处理器）算力支持，满足文生视频、智能体训练等高资源需求的实验要求，有效降低学习门槛。该平台还配备教学工具箱，适配高校、企业及职业教育等多种场景的教学与学习需求，助力构建面向未来的终身学习生态系统。

精准覆盖"AI 扫盲—专业进阶—产教融合"全需求链

本书读者定位：面向高校通识课程，能够满足新文科 / 新工科的跨学科教学需求；面向职业培训，聚焦智能制造等岗位技能模块；面向社会学习者，可帮助零基础读者快速完成首个 AI 绘画作品（项目 7）。

本书以"技术深度 × 应用广度 × 人文温度"为核心竞争力，依托场景化叙事、生成式人工智能全链路实践等创新形式，既有效解决传统教材"重理论轻实操"的问题，也避免了科普读物"碎片化、浅表化"的局限，为人工智能教育提供了一个"可读、可练、可思"的全新范本。

本书内容由王玉贤、王芸、黄永健、陈天伟等多位作者经多次研讨、撰写与修订后完成。具体分工如下：项目 1 由程江完成，项目 2 由吴越完成，项目 3 由林锴完成，项目 4 由李斌完成，项目 5 和项目 8 由吴晓明完成，项目 6 由于汉杞完成，项目 7 由蔡彦杰完成，项目 9 由艾越完成，全书绘图工作由陈璇完成；彭凌西对本书内容进行了补充与修改；刘琪、苏凤英、王士先、赵宇、詹玉芬、熊龙、周永福等也为本书的出版付出了辛勤努力。

本书得到了国家自然科学基金（编号：12171114）、广东省重点领域研发计划项目（编号：2022B0101010005）以及广东省自然科学基金（编号：2024A1515011976）的资助，并获得广东轩辕网络科技股份有限公司、广东医通软件有限公司和广东景惠医疗集团的大力支持与协助。在此一并表示衷心感谢。

此外，本书提供配套的教学课件、教学大纲、微视频等学习资源，帮助读者更高效地掌握人工智能相关技术。相关电子资源可通过发送电子邮件到 liangshunxiang@xuanyuan.com.cn 或访问网站 http://aigc.xuanyuan.com.cn 获取。

编著者

作者简介

王玉贤

副教授。主持省级高水平大数据技术专业群和示范性产业学院建设，荣获全国三八红旗集体、行业全国技术能手等称号，指导学生获得国家级竞赛一等奖 1 项、省级竞赛一等奖 4 项。

王芸

博士，副教授。曾获省级教学成果二等奖 1 项，市级自然科学一等奖 1 项、三等奖 1 项，并荣获韶关市"丹霞英才计划"专业技术人才称号。

黄永健

英国南安普顿大学计算机科学博士，现任轩辕网络副总裁兼研究院院长，同时也是华为鲲鹏开发者专家。

陈天伟

教授，计算机学会杰出会员。曾获批省级科技项目 10 余项，参与制定国家标准 2 项，发表论文 20 余篇，获得授权专利 6 项。其研究方向为人工智能。

目　　录

第一部分　人工智能：新时代的开启

第二部分 人工智能基本原理与技术概要

第三部分　生成式人工智能的应用

第四部分　安全与伦理

第一部分

人工智能：新时代的开启

随着人工智能（Artificial Intelligence，AI）技术的飞速发展，AI已经不再局限于实验室或高科技企业之中，而是深入人们生活的方方面面。从清晨的第一缕阳光洒进卧室，到夜晚的最后一盏灯熄灭，人工智能无时无刻不在默默地为我们的生活提供便利。无论是在工作、学习，还是在休闲娱乐等环节中，人工智能都在悄然改变我们的生活方式。

在这个新时代中，人工智能不仅提高了人们的生活质量，还深刻改变了社会的运作模式。智能家居将居住空间从单纯的物理场所转变为具备学习能力的互动环境；智慧交通推动了交通系统的自动化与绿色化，减少了能源浪费和碳排放；智能医疗让个性化健康管理成为可能，而智能娱乐与虚拟现实技术则极大地丰富了人们的精神世界。这一全方位的智能化浪潮正在紧密交织科技与生活，改变人与科技的关系，并塑造未来社会的面貌。

人工智能还赋予了人们一种全新的生活节奏与态度。在这种新节奏下，烦琐的家务、重复的任务以及低效的出行都被自动化取代，使得人们能够将更多时间和精力投入到创造性工作、人际交往以及自我提升中。技术不再仅仅是工具，而是成为生活的伙伴，帮助人们实现更高层次的生活追求。

与此同时，人工智能的发展也带来了人与社会关系的新变化。在智慧城市中，交通系统、能源管理、公共服务等领域的AI协作让城市变得更加高效和宜居。人与社会之间的联系因此更加紧密，资源利用效率得到提升，个性化需求与公共服务之间的矛盾也得到了更好的解决。这不仅是技术上的成功，更是一种新的生活哲学的诞生——人类与人工智能共生，共同构建一个高效、舒适且可持续的未来。

正是在这样的智能化环境中，普通人的每一天也变得丰富多彩且高效便捷。未来的日常生活不再充斥着琐碎的操作，而是被人工智能技术赋予了更多的可能性。为了让读者更直观地了解人工智能时代的生活场景，我们将通过小轩的一天来具体展开。小轩生活在 2030 年的智慧城市中，他的衣、食、住、行都与人工智能深度融合。通过这样一个典型的日常案例，我们将全方位展示人工智能在现代生活中的具体应用，为读者勾勒出未来世界的轮廓。

项目 1　跨越时空：未来小轩一天的智慧生活

　　未来一天的智慧生活充满科技带来的便利。清晨，智能管家根据小轩的睡眠数据轻柔地唤醒他，窗帘自动拉开，智能厨房已准备好营养早餐。出门时，自动驾驶汽车已在门口等候，并实时规划最优路线。工作期间，AI助手高效安排日程，及时提醒重要事项。下班后，智能家居自动调节室内环境，播放音乐，营造舒适的氛围。夜晚，智能设备监测健康状况，增强现实与虚拟现实技术带来沉浸式的娱乐体验。科技让生活更便捷、更贴心。

　　未来的智慧生活不仅提高了生活的便利性与效率，更使科技真正服务于人的需求，让每一天都充满科技的温暖与关怀。在本项目中，我们将介绍小轩一天的智慧生活及相关内容。

1.1　【任务情景】

　　阳光透过缓缓开启的智能窗帘洒进房间，轻柔地唤醒了小轩。他是一位30多岁的白领，在市中心一家跨国科技公司担任软件工程师。小轩生活在一座高度智能化的城市中，人工智能已深度融入他的日常生活。

　　在这样的城市中，科技与人类生活紧密交织，形成了一种前所未有的和谐共生关系。智能系统无处不在，从家庭的自动化管理到公共设施的智能调控，每一个细节都展现出人工智能带来的智慧与便捷。街道上，智慧交通系统高效运转，保障着城市的流畅运行；社区内，智能安防系统全天候守护着每个家庭的安全；在工作和娱乐环境中，智能设备不断提升着人们的效率与体验。

　　这种方式不仅改变了人们的日常习惯，也重新定义了人与技术之间的互动方式。让我们走进小轩的一天，了解并体验人工智能时代的生活魅力。

1.2 【任务目标】

通过学习与探讨未来智能社会的生活方式，理解人工智能技术在日常生活中的广泛应用，掌握其带来的机遇与挑战，并培养适应未来社会所需的综合能力。

1. 知识目标

（1）理解未来智能社会的核心特征：了解人工智能、物联网、大数据等技术在未来智能社会中的融合方式及其对社会生活的深远影响；了解智能社会中人机共生的概念，包括智慧交通、智能家居、智能医疗等具体应用场景。

（2）了解人工智能技术在日常生活中的应用范围：通过案例，了解人工智能技术在生活中的实际应用，例如智能家居、智能手机、交通出行等。

2. 能力目标

（1）信息整合与表达能力：能够系统总结未来智能社会中的复杂技术及其应用场景，并以清晰、简洁的方式撰写报告或进行口头讲解，帮助他人快速理解相关内容。

（2）技术应用能力：初步具备在实际生活中有效应用人工智能技术的能力，包括选择合适的智能设备、理解智能服务的优势与局限性。

3. 素养目标

（1）技术学习素养：培养对新兴技术的学习兴趣与能力，主动关注人工智能、物联网等领域的最新发展动态。

（2）团队协作素养：通过撰写报告或参与讨论，增强团队协作意识和知识共享意识，共同探索智能社会的机遇与挑战。

（3）创新思维素养：在掌握人工智能技术的基础上，探索其在不同场景中的创新应用，增强创新思维与问题解决能力。

1.3 【新知学习】

1. 小轩的智能穿衣

清晨，小轩醒来时，家中的智能管家早已为他准备妥当（图 1-1 为小轩的智能管家）。作为整个家庭系统的"大脑"，智能管家不仅负责环境调控和饮食规划，还通过物联网与智能衣柜等设备无缝连接，为小轩提供高效且个性化的穿搭服务。

图 1-1 智能管家

通过获取当天的天气信息和小轩的日程安排，并结合他的穿衣风格与偏好，智能管家贴心地为他挑选出一套最合适的穿搭方案（图 1-2 是小轩的智能衣柜）。今天是阴天，小轩需要参加一场重要的商务会议。智能管家综合分析了天气状况、场合需求以及个人喜好后，迅速生成了一套得体的搭配方案：防风外套搭配深色商务装，并选择了一条简约领带作为点缀，使整体造型更显正式。

图 1-2 智能衣柜

智能衣柜的显示屏清晰地展示了这套搭配的预览效果。小轩无需实际试穿，仅需通过衣柜内置的虚拟试衣镜，即可实时查看服装的上身效果。确认满意后，智能管家控制衣柜内的机械臂系统，将衣物从储存区自动送至取衣位置，并将衣物进行轻柔熨烫，确保每一件都处于最佳状态。整个过程高效而细致，令小轩倍感省心。

智能衣柜不仅提供日常穿搭推荐，还在智能管家的协同管理下，帮助小轩高效打理衣物。衣柜内的传感器能够实时监测衣物的使用频率、清洁状态及季节性需求，确保衣物始终处于最佳状态。

智能衣柜配备紫外线杀菌和等离子除螨模块，每天定时对衣物进行深度护理，有效清除细菌和尘螨，保障穿着卫生与安全。同时，空气净化系统与香氛喷洒装置使衣物始终散发着清新怡人的香气，为小轩的穿着增添一份舒适与惬意。

智能管家不仅关注小轩的日常穿搭，还通过连接全球时尚数据流，为他打造个性化的穿衣体验。结合当季潮流趋势与小轩的体型数据，智能管家通过大数据分析推荐符合流行趋势的服饰，并将推荐列表推送至其手机 App。如果小轩对某件服饰感兴趣，只需轻点屏幕，智能管家即可自动连接线上商城完成下单，并安排快速配送服务。

此外，智能管家还协助小轩优化衣物管理。当检测到衣柜中有衣物长期未使用时，它会主动提醒小轩进行整理，并依据衣物状态建议捐赠、回收或二次利用，避免衣物积压与浪费。

对于即将换季的衣物，智能管家会提前规划存储空间，并提示清洗与保养建议，确保衣物始终保持整洁如新。更贴心的是，智能衣柜能够检测衣物的细微磨损情况，并主动提供维修或更换建议，确保每一件衣物都处于最佳状态。

为实现节能环保，智能衣柜配备了动态能耗管理功能。在完成穿搭任务后，智能衣柜会根据使用情况自动调整运行模式，关闭不必要的模块，进入低功耗待机状态。通过智能化的精细管理，智能衣柜不仅提升了使用体验，也大幅减少了能源消耗，体现了科技与环保的有机结合。

在智能管家的全方位管理下，智能衣柜不仅使小轩的日常穿搭更加高效、舒适，还将时尚与科技融入生活，让日常变得更加丰富且有趣。从起床到出门的每一分钟，智能衣柜的贴心服务都让小轩感受到生活的从容与优雅。穿着得体的小轩带着自信，开启了充满期待的一天。

2. 小轩的智能饮食

小轩穿着智能衣柜为他搭配好的衣服走进智能餐厅，迎接他的是由智能管家精心准备的早餐。这位智能管家不仅掌控着厨房中的每一台设备，还根据小轩的健康数据、饮食偏好及当天的活动安排，为他量身定制了专属营养计划。

作为一名软件工程师，小轩的工作压力较大，智能管家特别注重他的营养均衡与能量补充。早餐菜单已提前生成，并显示在餐桌旁的智能屏幕上：全麦三明治、低脂酸奶和一杯香浓咖啡（见图 1-3）。屏幕上不仅标注了每种食材的热量与营养成分，还结合小轩的健康目标，提供了合理的摄入建议。

图 1-3　智能厨房

智能管家控制厨房设备高效协作。智能冰箱从冷藏区取出全麦面包和新鲜奶酪，并通过冷链输送系统将食材传送至智能烤箱。烤箱依据食谱精准调节温度与时间，将面包烤得外脆内软，同时使奶酪完美融化，散发出诱人香气。

与此同时，智能咖啡机启动运行，根据小轩的口味偏好精准调配咖啡的温度与浓度。每一个细节都经过智能算法的精细计算，确保他能享受一杯口感绝佳的咖啡。

在早餐准备期间，智能管家还提醒小轩关注食材消耗情况。通过实时监控冰箱库存，智能管家发现部分食材即将过期，并推荐了一道健康的晚餐菜谱——番茄炖菜。这道菜的详细步骤和所需配料已同步推送至小轩的手机 App，供他参考。此外，智能管家还与线上超市连接，生成了所需的食材采购清单，并安排配送到家，确保不会出现食材短缺的情况。

吃早餐时，智能音箱播放着轻柔的背景音乐，为小轩营造出一个舒适放松的用餐环境。餐桌屏幕不仅展示了当天的日程安排，还同步了小轩的健康管理数据。鉴于他作为软件工程师需要长时间坐在办公室工作，智能管家会监测他的坐姿时间，并适时提醒他休息及进行简单的拉伸运动。屏幕上还展示了他的当日运动目标完成度、最近一周的营养摄入情况以及未来饮食计划，这些信息以直观的图表形式呈现，帮助小轩随时了解自己的健康状态并做出相应调整。

用餐结束后，厨房的清洁工作由智能管家全权负责。智能水槽启动自动清洗模式，高效清洁餐具，并根据不同的材质选用合适的环保清洁剂，确保最佳的清洗效果。同时，厨房的空气净化和除湿系统启动，迅速清新烹饪环境，保持良好的空气质量。智能垃圾分类系统则利用传感器检测餐厨垃圾类型，精准分类处理，既实现了环保，又简化了后续的垃圾管理流程。

智能厨房不仅仅是一个高科技的烹饪空间，更是一个智慧的生活伴侣。它为小轩提供了便捷、美味且健康的饮食体验，大幅减轻了家务负担，提升了生活的自由度与品质。在这种环境中，小轩每天从一顿轻松愉悦的早餐开始，充满能量地迎接生活中的各种挑战。

3. 小轩的智能住宿

小轩吃完早餐后，智能管家已为他的居住环境做好了全面的调控和管理。作为整个家庭系统的"大脑"，智能管家不仅负责小轩的穿衣和饮食，还无缝管理家中的每一个角落，提供舒适、安全且高效的居住环境。

离开智能餐厅来到智能客厅（见图 1-4），智能管家早已调整好这里的环境。窗帘缓缓拉开，让柔和的自然光照进房间。智能管家根据当前环境光照情况，调用智能补光系统进行补充，使用温暖的光线营造出舒适的氛围。空气净化系统实时监测并调节室内空气质量，确保空气始终清新宜人。

图 1-4   智能客厅

在卫生管理方面，智能管家协调一系列清洁设备进行工作。智能扫地机器人（见图 1-5）在小轩用餐时已经悄然完成了全屋清洁任务，地板被打扫得一尘不染。同时，智能垃圾分类系统也收集并分类了全屋垃圾。浴室内的智能热水器已完成预热，当小轩准备洗漱时，水温已被调整到最适宜的状态。而智能镜子的屏幕自动点亮（见图 1-6），显示当天的天气、日程提醒和资讯，帮助他快速了解接下来的日程安排。

图 1-5 智能扫地机器人

图 1-6 智能镜子

安全保障是整个智能系统中至关重要的一部分。智能安防系统 24 小时全方位监控家居环境（见图 1-7）。摄像头不仅能捕捉外界活动，还能通过人脸识别技术自动识别访客身份。一旦智能安防系统检测到异常活动，会立即通知小轩，并启动应急模式，包括锁定门窗、联系物业甚至报警等措施。

图 1-7　智能安防系统

智能管家对居住环境的细节优化同样令人称道。例如，工作区的智能桌椅（见图 1-8）能够根据小轩的身高和坐姿自动调整，提供最舒适的办公体验。当小轩需要集中注意力时，系统会切换至"专注模式"，关闭不必要的噪声源，并播放白噪声或轻音乐，有效提升专注力。

图 1-8　智能桌椅

在卧室，智能床垫不仅能够自动调节软硬度，还可以实时监测小轩的睡眠状态，记录睡眠数据。

到了夜晚，智能管家开始为小轩营造理想的睡眠环境。窗帘缓缓闭合，灯光逐渐调至温暖的黄色，整个卧室弥漫着助眠香氛。智能温控系统根据室内外温度变化，精准调节房间的温湿度，让小轩在最舒适的环境中安然入睡。与此同时，智能音箱播放舒缓的助眠音乐，而床头的显示屏逐渐熄灭，避免任何光线打扰他的睡眠。

4. 小轩的智能出行

小轩的出行同样得益于人工智能的深度优化与贴心服务。当他准备出门时，智能管家已为他安排妥当所有相关的出行准备。作为整个家居系统的"大脑"，智能管家不仅管理着小轩的家居环境，还能与新能源自动驾驶汽车（见图 1-9）无缝联动，提供高效便捷的出行体验。

图 1-9　新能源自动驾驶汽车

在小轩用餐期间，智能管家便根据他当天的日程安排，将目的地和出发时间上传至智能驾驶系统。今天他需要前往市中心参加一场商务会议，因此智能管家提前规划了最优导航路线，避开交通拥堵路段，并将路线同步至车辆的智能驾驶系统。此外，智能管家还检查了车辆的充电状态，若发现电量不足，便会自动启动家中的智能充电桩，在小轩出门前完成充电，确保行程顺利无忧。

当小轩进入车内，车辆的智能驾驶系统（见图1-10）立即与家中的智能管家完成数据对接，并通过语音提示他当天的行程安排及预设路线。车辆搭载的智能驾驶系统依靠高精度传感器和实时数据分析，实现精准的自主导航与障碍物避让功能。

图 1-10 智能驾驶系统

行驶过程中，车辆与城市交通管理系统保持实时联网，动态获取交通状况信息，智能调整行驶路线，以最短的时间到达目的地，同时有效减少拥堵和碳排放。

小轩的汽车不仅是交通工具，更是一个移动的智能空间。座椅会根据他的体型自动调整至最舒适的位置，空调系统则结合车外温度与车内需求，提供适宜的温湿度环境。车载娱乐系统依据小轩的习惯，为他播放喜欢的音乐或早间新闻，使整个出行过程更加愉快放松（见图1-11）。

图 1-11 车载娱乐系统

此外，当车辆驶入停车场时，自动泊车功能启动（见图 1-12），通过传感器快速识别最佳车位，并精准完成停车操作，无需小轩手动干预。

图 1-12　自动泊车

对于长途出行或特殊需求，小轩的汽车还能与其他交通方式联动，例如无人驾驶出租车、共享单车，甚至自动飞行无人机，借助智能出行平台提供多样化的交通选择，灵活适应不同出行场景。

1.4 【任务实施】

（1）列举若干人工智能技术在人类衣、食、住、行中的具体应用。

（2）探讨人工智能技术对未来人们生活方式的影响。

1.5 【任务总结】

在未来智能社会生活的学习任务中，我们深入探讨了人工智能、物联网和大数据等前沿技术对人类生活的深远影响。通过此次学习，我们了解到智能社会将极大地提高生活便利性。例如，智能家居系统能够实现设备间的互联互通，并优化能源管理；智慧交通系统则借助自动驾驶技术提升出行效率，减少拥堵。

　　然而，智能社会同样带来了诸多挑战，包括数据隐私保护、就业结构的调整以及伦理道德问题。在学习过程中，我们不仅掌握了人工智能技术的核心概念及其应用场景，还培养了解决问题和分析问题的能力。更重要的是，我们认识到，在面对智能社会带来的机遇与挑战时，人类需要不断提升自身素养，积极适应技术变革，以达到人与技术的和谐共生，共同创造一个更加美好的未来。

1.6　【评价反思】

1. 学习评价

　　根据学习任务的完成情况，对照表 1-1 中"观察点"列举的内容进行自评或互评，并在对应的表格内打"√"。

表 1-1　学习评价

观察点	完全掌握	基本掌握	尚未掌握
（1）未来智能社会的核心特征			
（2）了解人工智能技术在日常生活中的应用范围			

2. 学习反思

　　根据学习任务的完成情况，在表 1-2 中，对相关问题进行简要描述。

表 1-2　学习反思情况

回顾与反思	简要描述
（1）知道了什么？	
（2）理解了什么？	
（3）能够做什么？	
（4）完成得怎么样？	
（5）还存在什么问题？	
（6）如何做得更好？	

1.7 【能力训练】

1. 判断题

（1）人工智能将完全取代人类的所有工作。（　　）

（2）智能家居系统能够显著提高生活便利性和能源利用效率。（　　）

（3）未来智能社会中，人工智能将加剧社会不平等现象。（　　）

（4）人工智能在医疗领域的应用已经完全解决了医疗资源分配不均的问题。（　　）

（5）未来智能社会中，人类的价值观念将不会发生变化。（　　）

2. 选择题

（1）以下哪项不属于人工智能在未来智能社会中的应用？（　　）

　　A. 智慧交通与自动驾驶

　　B. 智能医疗与远程诊断

　　C. 完全取代人类情感交流

　　D. 智能教育与个性化学习

（2）人工智能对未来社会的影响主要体现在哪些方面？（　　）

　　A. 提高生产力

　　B. 创造新的就业机会

　　C. 降低人类幸福感

　　D. 促进科学研究和创新

（3）未来智能社会中，人工智能与人类的关系是什么？（　　）

　　A. 完全取代人类

　　B. 互补，共同推动社会进步

　　C. 人类完全依赖人工智能

　　D. 互不相关

（4）人工智能对社会生活的影响主要体现在以下哪个方面？（　　）

　　A. 完全取代人类工作

　　B. 提高生活便利性和生产效率

C. 对社会没有任何影响

D. 只影响科技行业

（5）人工智能对就业市场的主要影响是什么？（   ）

A. 导致所有工作岗位消失

B. 只能创造新的工作岗位

C. 导致结构性失业风险

D. 对就业市场没有任何影响

1.8 【小结】

通过对衣、食、住、行 4 个方面的阐述，我们全面展示了未来智能社会的样貌。人工智能技术在现代城市中的深度融合与广泛应用，重新定义了人与技术的互动关系，体现了科技与人类生活的和谐共生。我们可以清晰地看到，人工智能正以其无处不在的智慧和便捷，塑造一个更加高效、舒适且可持续的未来社会。

项目 2 腾云驾雾：探索人工智能的技术基石

在本项目中，我们将简要介绍云计算、大数据和物联网——这些构成人工智能基础的技术。云计算利用虚拟化和分布式存储等技术实现计算资源的高效使用及弹性扩展，为 AI 模型的训练与部署提供了灵活的计算环境。大数据技术解决了海量数据的存储、处理与分析挑战，为 AI 算法提供了丰富的数据资源，帮助其更好地学习与优化。物联网通过传感器和通信技术将物理世界与数字世界连接起来，为 AI 系统提供实时数据输入，使其能够更精确地感知和控制环境。这三者相辅相成，共同推动了人工智能技术的迅速发展和广泛应用，为各行各业的智能化转型奠定了坚实的基础。

2.1 【任务情景】

作为一位智能家居爱好者，小轩最近购置了一套智能家居设备，包括智能灯光、智能窗帘、智能温控器和智能安防摄像头。他希望通过这些设备实现以下功能：通过手机 App 远程控制家中的设备；根据预设的时间或环境条件自动调整设备的状态；确保设备数据的安全存储与传输；并通过分析设备数据，提供个性化的使用建议。

2.2 【任务目标】

掌握云计算、大数据及物联网的原理及核心技术，理解其发展脉络及协同工作逻辑，并了解跨领域的解决方案。

1. 知识目标

（1）了解人工智能技术的发展趋势，包括云计算、大数据、物联网等关键技术在未来生活中的应用。

（2）认识智能社会中人类生活的具体变化，如智能家居、智慧交通、智能医疗等场景。

（3）理解这些技术变化对个人生活和社会发展的潜在影响，例如提高生活便利性和社会效率等。

2. 能力目标

（1）信息整合与表达能力：能够系统总结人工智能技术的发展趋势及未来生活场景，并以清晰、简洁的方式撰写报告或进行口头讲解，帮助他人快速理解相关内容。

（2）团队协作能力：通过小组讨论和互动环节，增强与他人合作的能力，共同探讨未来智能社会的挑战与机遇。

3. 素养目标

（1）技术前瞻性素养：培养对新兴技术的敏感度，主动关注人工智能领域的最新发展动态。

（2）创新思维素养：在掌握人工智能技术的基础上，激发其在各类场景中的创新应用，增强创新思考与解决问题的能力。

2.3 【新知学习】

2.3.1　云计算：构建智能化数据处理平台

在数字化时代，数据已成为最宝贵的资源之一。然而，传统的数据处理方式已难以满足我们对速度、灵活性和可扩展性的需求。此时，云计算应运而生，为数据处理带来了革命性的变化。接下来，我们将首先探讨云计算的技术背景，回顾云计算如何从分布式计算和网格计算中汲取灵感，以及它如何随着互联网技术的发展逐步走向成熟。然后进一步介绍云计算及其五大特征，最后概述云计算与人工智能融合所激发的创新潜力。

云计算的技术背景可以追溯到 20 世纪 50 年代，当时科学家们提出了将计算能力作为一种公共设施来提供的设想。随着互联网的普及和宽带技术的发展，分布式计算和网格计算等概念逐渐浮现，为云计算的诞生奠定了基础。这些技术允许多台计算机协同工作，共享资源，以应对大规模计算问题。进入 21 世纪，随着 Web 2.0 的兴起，用户生成内容和在线协作变得日益普遍，对计算资源的需求也变得更加动态和不可预测。云计算作为一种解决方案，提供了一种灵活的资源管理方式，使用户可以根据实际需要快速扩展或缩减资源，而无需进行大量的前期投资和维护。

此外，随着移动设备的广泛普及以及物联网技术的进步，越来越多的设备需要连接互联网并进行数据交换。云计算提供了一个集中化的平台，使得这些设备能够轻松存储和处理数据，同时保持互联互通。针对云计算处理资源需求的预估，IBM 公司时任董事长托马斯·沃森曾认为"全世界对计算机的需求量总共可能只有 5 台"，而微软公司创始人比尔·盖茨则表示"640KB 内存对大多数人都够用了"。这两句话反映了早期对计算资源需求估计的巨大偏差，也间接体现了云计算在满足不断增长的数据处理需求方面的关键作用。

接下来，我们将深入探讨云计算的核心概念。云计算不仅仅是一个技术术语，**更代表了一种全新的服务交付模式**。通过这一模式，用户能够经由互联网按需访问计算资源，如服务器、存储、数据库、网络以及各类软件应用。它通过提供一种灵活且高效的资源配置方式，彻底改变了应用程序的构建和使用方式。

维基百科对云计算的定义如下。

云计算（Cloud Computing）是一种基于互联网的计算方式，通过这种方式，共享的软硬件资源和信息可以按需求提供给计算机及其他终端设备，用户通过使用服务商提供的基础设施完成计算和资源调用。

传统上，部署一个新的应用程序往往需要耗费大量时间用于采购硬件、安装软件以及配置系统环境。然而，借助云计算，这一切变得简单而高效——开发者可以迅速获取所需资源，并立即投入开发与测试工作。此外，云计算的弹性能力使得资源规模可根据实际需求自动调整，既保证了在流量高峰时的优良性能，也避免了资源的闲置浪费。

因此，无论是初创企业还是大型公司，都可以利用云计算的优势，加快产品上市速度，降低运营成本，提升灵活性与创新能力。云计算不仅简化了 IT 管理流程，还为推动技术创新开辟了广阔空间。

想象一下，云计算就像是一座庞大的电子图书馆，你可以随时随地通过互联网访问它。这座"图书馆"中存放着各种各样的书籍（即数据和应用程序），你不需要自己购买这些书籍，也不需要在家里建造大型图书馆来存放它们。只需要连接到互联网，就能借阅（使用）任何你想要的书籍。

云计算主要包含以下 3 种服务模式（见图 2-1）。

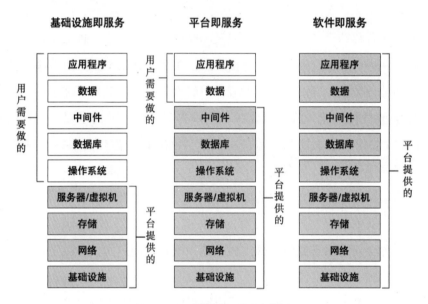

图 2-1　云计算的主要服务模式

● **基础设施即服务**（Infrastructure as a Service，IaaS）：就像图书馆为你提供一个专属的阅读空间，你可以在其中存放自己的书籍（即数据），并随时阅读任何书籍（即运行应用程序）。

● **平台即服务**（Platform as a Service，PaaS）：就像图书馆提供了一个写作和出版平台，你可以在其中创作自己的书籍（即开发应用程序），而无需担心印刷与分发等后续问题。

● **软件即服务**（Software as a Service，SaaS）：这是最便捷的方式，图书馆直接把书籍送到你面前，你只需阅读即可，无需担心书籍的维护与更新。

云计算之所以能够引领技术潮流，很大程度上得益于其五大基本特征：按需自助服务、广泛的网络访问、资源池化、快速弹性以及可度量服务。这些特征不仅定义了云计算的本质，也是其能够提供高效、灵活服务的基础。下面我们将逐一解析这些特征，探讨它们如何共同作用，为用户提供前所未有的便利。

● **按需自助服务**（On-demand Self-service）：用户无需与服务商进行人工交互，即可通过标准化接口（如云平台控制台、应用程序接口）自主配置计算资源（如虚拟机、存储）。该特征赋予用户灵活性和即时性，减少了对运维的依赖，非常适合应对突发业务需求或快速部署实验性项目。

● **广泛的网络访问**（Broad Network Access）：云服务通过互联网以标准化协议（如 HTTP/REST）开放，支持多种终端设备（个人计算机、手机、物联网设备）跨平台访问。例如，用户可通过浏览器、移动应用等工具管理云资源。这种泛在的网络访问打破了地域限制，使得全球分布式团队协作（如远程开发、数据共享）成为可能，同时也强调了对网络带宽和安全性的保障需求。

● **资源池化**（Resource Pooling）：服务商将物理资源（如服务器、存储、网络）虚拟化为一个共享池，并根据需要动态分配给多个租户。例如，通过虚拟化技术，一台物理服务器可以被划分为多个虚拟机。资源池化提升了硬件利用率，避免了资源的"闲置浪费"，同时支持多租户间的隔离，并通过冗余设计（如跨可用区部署）增强了系统的容灾能力。然而，这也需要平衡资源共享与性能隔离之间的关系。

● **快速弹性**（Rapid Elasticity）：系统能够依据负载情况自动调整资源规模，例如，在电商促销期间秒级扩容数千台服务器，而在流量减少时自动释放多余的资源。弹性能力依赖于云平台的自动化编排和按需付费模式，避免了传统 IT 架构中常见的"峰值采购"成本。弹性阈值可以根据预设规则（如 CPU 利用率超过 80% 触发扩容）进行设置，从而兼顾响应速度与成本控制。

● **可度量服务**（Measured Service）：云平台能够对资源使用情况进行精细化监控和计量，支持基于实际消耗的计费方式（如按小时计费）。用户可以查看详细的资源消耗报告，以便优化成本（如识别并关闭闲置实例）。这一特征推动了"用多少付多少"的消费模式，适用于预算敏感的应用场景（如初创企业或短期项目），同时也依赖于服务商的计费透明度。

最后，我们将对云计算的不同类型进行分类和讨论。根据服务方式的不同，云计算主要分为公有云、私有云和混合云（见图 2-2）。每种类型的云计算都有其独特的优势和应用场景。分析这些分类有助于读者在不同情况下选择最适合的云计算服务。

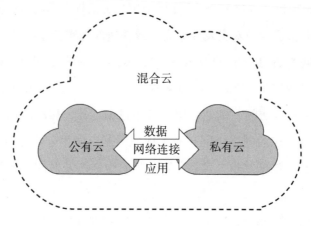

图 2-2　云计算的分类

以下是对这 3 种类型的简要介绍。

● **公有云**（Public Cloud）：基础设施由提供云计算服务的组织所有，并向一般公众或广泛的行业群体提供服务。这包括传统电信运营商（如中国移动、中国联通和中国电信）所提供的服务，政府主导的地方性平台（如"云上贵州"），以及国内外知名互联网公司（例如百度云、阿里云、腾讯云、华为云、亚马逊 AWS 和谷歌云等）所构建的平台提供的公有云服务。公有云以其成本效益高、易于访问的特点受到广泛欢迎，适用于希望快速部署应用且对成本敏感的企业和个人用户。

● **私有云**（Private Cloud）：云基础设施由单一组织拥有或租用，并完全由该组织自行管理。私有云可以部署在企业的局域网内，便于与企业内部系统（如监控系统、资产管理系统等）集成，有利于实现企业内部系统的集中管理并增强安全性控制。它特别适合那些对数据安全性和隐私保护有较高要求，以及需要定制化解决方案的企业。

● **混合云**（Hybrid Cloud）：混合云融合了公有云和私有云的优势，在保持两者独立性的同时，通过标准或专有技术实现连接，支持数据和应用程序在二者之间的可移植性。这种架构使企业能够根据需要在公有云与私有云之间灵活迁移数据和应用，既可利用公有云的成本效益与弹性扩展能力，又能保留私有云在安全性和控制权方面的优势。"网络连接"保障了两者的通信与数据交换。

云计算的弹性和可扩展性为 AI 模型的训练与部署提供了理想的环境。AI 模型，尤其是深度学习模型，需要大量的数据处理能力和计算资源。通过提供必要的资源，云计算平台支持 AI 项目的快速迭代和扩展，从而加速从研究到实际应用的转化过程。云计算和人工智能作为现代科技的两大支柱，共同推动了技术创新与行业发展。云计算不仅提供了强大的计算资源，还拥有灵活的服务模式。人工智能则利用这些资源实现复杂的数据处理和智能决策。以下是云计算与人工智能结合的一些优势。

- **资源弹性**：云计算的弹性使 AI 项目能够根据需求快速扩展资源，无论是增加计算能力还是存储空间。企业或研究人员可以根据项目的具体要求灵活调整资源配置，确保高效运行。
- **成本效益**：采用按需付费的模式，AI 项目可以避免大规模的前期投资，仅需为实际使用量付费。这种模式尤其适合预算有限的研究团队或初创企业，有效降低进入门槛。
- **协作与共享**：云计算平台提供了多种协作工具，便于团队共享资源和数据，共同推进 AI 项目的发展。这不仅提升了工作效率，也促进了知识与技术的交流。
- **创新加速**：云计算的高效性和可扩展性为人工智能的研究与开发提供了支持快速迭代的环境，从而加速了创新过程。在云计算的支持下，研究人员和工程师可以更高效地测试新想法、优化算法，并将成果迅速转化为实际产品和服务。

图 2-3 通过一个示例直观地展示了云计算为人工智能，特别是自然语言处理领域的深度学习模型训练带来的巨大便利。该例子来源于 Hugging Face 提供的"Training Cluster As a Service"服务页面。Hugging Face 是一个专注于自然语言处理的平台，它提供了多种工具和预训练模型，助力开发者和研究人员构建并训练自己的语言模型。

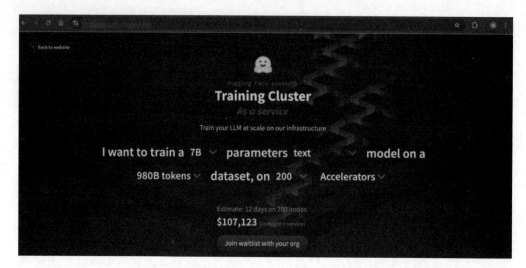

图 2-3　Hugging Face 提供的"Training Cluster As a Service"服务页面

在这个示例中，用户可以选择在一个大规模的数据集上训练一个拥有 70 亿参数的语言模型，具体是使用包含 980B 个 token 的数据集进行训练。这里的 token 指的是文本中的基本单位，它可以是一个单词、一个词组、一个标点符号或一个字符，具体取决于文本处理的需求和方法。执行这种规模的训练任务需要大量的计算资源，在传统的计算环境中这几乎难以实现，因为其所需的硬件成本及维护成本都非常高昂。

然而，借助 Hugging Face 提供的" Training Cluster As a Service"，这一过程变得切实可行。用户可以同时调用 200 个加速器（如 GPU 或 TPU）并行进行训练，这不仅显著缩短了训练时间，而且能够处理如此庞大的数据量和复杂的模型结构。云计算的这一特性极大地推动了人工智能技术的发展，特别是在深度学习和自然语言处理领域，使研究人员和开发者能够更快速地迭代模型、验证新思路，并将研究成果高效转化为实际应用。

此外，这样的云计算解决方案也充分体现了前面提到的优势：资源弹性使用户能够根据需求灵活调整计算资源；按需付费模式有效降低了前期投资成本；协作与共享功能促进了团队间的合作；而高效的性能与良好的可扩展性则加快了创新的步伐。总而言之，云计算为人工智能提供了强有力的技术支撑，已成为现代技术发展不可或缺的重要组成部分。

云计算不仅显著扩展了模型训练的规模，提升了大语言模型（Large Language

Model，LLM，本书使用简称"大模型"）的算力，还大幅提高了模型的精确度。图 2-4 展示的神经网络架构在图像分类任务上错误率的明显下降，是人工智能领域深度学习技术快速发展的有力证明。借助云计算的强大计算能力，研究人员得以训练出更加复杂且精细的神经网络模型。这些模型在准确性方面得到了显著提高，同时也能应对更广泛的应用场景。例如，在医疗影像分析、自动驾驶、智能监控等领域，优化后的模型可以提供更为准确和可靠的预测与服务。

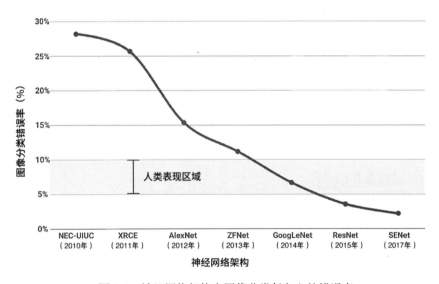

图 2-4　神经网络架构在图像分类任务上的错误率

综上所述，云计算不仅推动了大模型在训练规模和算力上的显著提升，也显著提高了大模型的精确度，尤其是在图像识别等机器视觉任务中，已实现了超越人类视觉的能力。通过提供强大的计算能力和灵活的资源管理，云计算使大规模数据集的处理与复杂模型的训练变得更加可行和高效。

随着互联网的快速发展，我们见证了数据量的爆发式增长。这种增长不仅来源于海量网页的产生和用户行为数据的积累，也受益于电子商务的兴起以及多媒体内容的在线化。这些趋势共同推动了大数据时代的到来，而云计算所具备的强大处理能力，恰好满足了对大数据进行存储、处理和分析的需求。因此，云计算与大数据相辅相成，共同为智能化应用的发展奠定了坚实基础，塑造了一个更加智能与互联的未来。在这一过程中，无论是提升现有服务的智能化水平，还是探索全新的应用场景，云计算与大数据都发挥着不可替代的作用。

2.3.2   大数据：挖掘智能化决策的宝藏

随着互联网、物联网、社交媒体和移动设备的广泛普及，我们正以前所未有的速度生成并收集数据。这些数据涵盖了从交易记录到社交媒体动态，从传感器读数到在线搜索查询，共同构成了一个庞大的信息库，亟待挖掘与分析。**大数据不仅是一个技术术语，更代表了一种全新的信息处理能力与决策支持方式**。接下来，我们将学习大数据的来源和发展趋势，以更好地把握未来。

随着信息技术的飞速发展，我们已步入数据爆炸的时代。大数据不仅作为一个概念存在，而且已深入到商业、科研、政府决策以及日常生活的各个角落。那么，大数据是如何产生的？让我们回到互联网和万维网开始兴起的时代。如图 2-5 所示，这是 2000 年 8 月的新浪网站主页。内容数字化与集中化、海量网页的产生、用户行为数据的积累、内容索引与搜索引擎的发展、电子商务的兴起以及多媒体内容的在线化，都是这一时期的显著成就。这些进步打破了以往的种种限制，引领我们进入一个数据爆炸的时代。

图 2-5   2000 年 8 月的新浪网站主页

随着时代的进步，我们迎来了 Web 2.0 时代。图 2-6 展示的是"哔哩哔哩 UP 主执事"的主页。这个时代的显著特征包括用户生成内容的大幅增加、社交网络的普及、互动性和参与度的提升、在线协作工具的使用、标签和元数据的应用以及社交书签的流行，还有多媒体内容的爆发式增长。人们不再局限于简单的交流和通话，而是开始在网上发布更多有趣且有用的小视频。

图 2-6　"哔哩哔哩 UP 主执事"的主页

随着经济的发展和思想的解放，人们对笨重计算机和大体型主机不再满足，智能手机与移动互联网应运而生。图 2-7 展示的 2008 年 iPhone 3G 便是这一时代发展的标志。距离传感器、光线传感器、磁传感器、重力传感器、液体接触传感器、回转仪感应器（通常称为陀螺仪）、无线传感器、指纹传感器（触控 ID）、面部识别传感器（面容 ID）等成为移动通信设备的重要组件。这些组件不仅使得通信设备体

图 2-7　2008 年的 iPhone 3G

积不断缩小，同时产生的数据量却呈指数级增长。

　　而这些海量且快速增长的数据，正是大数据概念的核心所在。大数据是一个包含**大量、多样化且迅速生成**的数据集的概念，其规模之大已超出传统数据处理软件在可接受时间内进行处理的能力。大数据的特点通常被概括为 3 个"V"——Volume（体量）、Variety（多样性）和 Velocity（速度）。此外，有时还会加上 Veracity（真实性）和 Value（价值）。

- 体量：大数据的体量非常庞大，通常以 TB（太字节）、PB（拍字节）甚至 EB（艾字节）为单位。
- 多样性：大数据涵盖结构化数据（如数据库中的表格数据）、半结构化数据（如 XML 和 JSON 数据）和非结构化数据（如文本、图像、视频和音频）。
- 速度：大数据生成和处理的速度非常快，需要具备实时或近实时的处理能力。
- 真实性：大数据的质量与准确性对于从中提取有价值信息至关重要。
- 价值：大数据的价值体现在它能够为组织提供洞察力，从而帮助其做出更明智的决策。

　　回顾发展历程，移动通信技术从 1G 到 5G 的演进显著提升了数据传输速率，这不仅改变了人们的通信方式，也极大地推动了大数据时代的到来。从 1G 时代的模拟语音到 2G 时代的数字语音和基础数据业务，再到 3G 时代和 4G 时代的移动互联网与数据业务的蓬勃发展，每一步都为数据的积累与应用奠定了基础。

　　如今，5G 技术凭借其超过 10Gbps（其中，bps 是 bits per second 的缩写，表示比特每秒，10Gbps 意味着每秒可传输超过 10 亿比特的数据）的传输速率，为海量连接与物联网的实现提供了可能，使数据业务成为通信领域的绝对主导。这不仅代表着更快的网络速度，还预示着一个更加智能且互联的世界。在这个世界中，大数据分析将在优化服务、提升效率以及推动创新方面发挥关键作用。随着 5G 及其后继技术的不断进步，我们将步入一个全新的数字化时代，在这个时代里，大数据将成为促进社会进步与经济发展的核心动力。

　　在本小节中，我们了解了大数据的潜力，以及它如何成为推动智能化决策的宝贵资源。大数据的价值体现在能够从海量信息中提炼出深刻的洞察，为商业、医疗、金融等多个领域带来革命性的变化。然而，大数据的真正力量不仅在于其分析能力，更在于其与现实世界互动的能力。物联网正是这种互动的关键桥梁。通过将物理世界中的设备和传感器连接到互联网，物联网使得数据不仅能够被分析，还能被实时收集和响应。这种连接性意味着大数据的来源更加广泛，同时大幅提升了数据的实时性和动态性。

2.3.3　物联网：连接万物，助力智能化生活

在了解云计算和大数据之后，接下来我们即将开启对物联网的探索。这是一个连接万物、助力智能化生活的革命性概念。物联网通过将日常物品接入互联网，赋予它们收集、交换和分析数据的能力，从而实现智能化的管理和控制。物联网时代正在来临。接下来，我们将学习物联网及其与大数据的有机结合。

物联网的定义是：通过射频识别（Radio Frequency Identification，RFID）、传感器、全球定位系统、二维码等信息感知设备，按照约定的协议将其连接，实现信息交换与通信，从而完成智能化识别、定位、跟踪、监控和管理的一种网络。图 2-8 展示了物联网的架构。物联网将**"时间、地点、主体、内容"**四者联系起来，为人们的生产和生活带来便利。物联网的核心在于**"连接"**。如图 2-9 所示，物联网在生活中的应用极为广泛，小至公交车，大至整座城市。它将传感器、设备、机器和应用程序通过互联网连接起来，构成一个庞大的智能网络。该网络能够实时监控、采集并传输数据，使设备之间可以相互通信，甚至自主决策。这种能力正在改变我们的生活方式，提升效率，提高便利性，并为创新提供无限可能。

前面内容提到，大数据与物联网的有机结合是时代发展的大势所趋。物联网实时采集各类设备的海量数据（如传感器信息、终端状态），需要借助大数据和云计算技术进行存储、清洗与分析，并应用于资源优化（如智慧城市）等场景，实现从数据到智能决策的闭环协同。接下来，我们将探讨二者相辅相成的结合。

1. 开放数据运动

图 2-10 展示了广东省政府数据开放平台，这是一个物联网和大数据技术在政府数据开放及公共服务领域实际应用的案例。该数据开放平台汇集了来自不同省级部门和地方政府的数据集，覆盖资源环境、经济建设、教育科技、道路交通等多个领域。例如，广东省生态环境厅提供了 34 个数据集，其中可能包括由物联网设备

收集的环境监测数据、污染源信息等。通过大数据分析，这些数据可以用于监测环境质量、预测污染趋势、优化资源分配等。物联网与大数据技术的结合不仅提升了政府透明度，还促进了社会创新，并提升了公共服务效率。

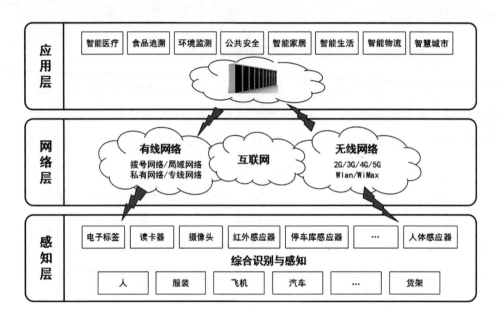

图 2-8 物联网的架构

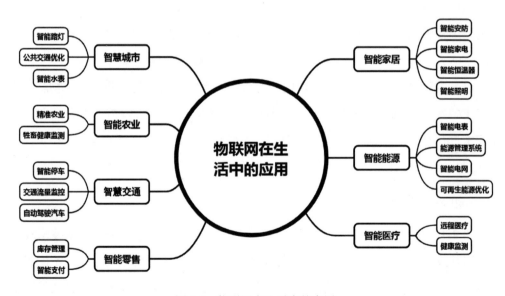

图 2-9 物联网在生活中的应用

图 2-10　广东省政府数据开放平台

2.标注数据

图 2-11 展示了一个繁忙城市街道的场景，其中多个对象被标记出来，包括行人、汽车和交通信号灯。这些交通信号灯分布在街道的不同位置，用于控制汽车和行人的流动。在它们的指挥下，汽车和行人有序地通过路口。图片中的行人正在过马路，而汽车则要么等待交通信号灯变化，要么正在行驶。这种场景在城市交通管理中十分常见，通过交通信号灯协调交通流量，确保行人和汽车的安全。这充分展示了物联网技术在智慧交通系统中的应用潜力，例如利用传感器和摄像头收集交通数据，以优化交通信号灯的时间安排，减少拥堵，提升交通效率。

物联网与大数据的结合，推动了智慧城市、智能医疗、智能制造等领域的创新发展。技术的进步使得物联网与大数据的融合更加紧密，而边缘计算、人工智能等新技术的加入，将进一步提升物联网收集数据的分析效率和智能化水平。这为各行各业的转型升级提供了更为有力的技术支持。

图 2-11　繁忙城市街道

2.4 【任务实施】

1. 互动环节设计

（1）未来生活场景展示。

搜集一系列关于未来智能生活场景的图片或视频资料，涵盖智能家居、智慧交通、智能医疗等领域，以具体展示人工智能技术在这些领域的应用实例。

向参与者展示这些图片或视频资料，并探讨每个展示场景中人工智能技术所扮演的角色及其带来的变化。

（2）小组讨论。

将参与者分成若干小组，每个小组选择一个未来生活场景进行深入讨论。

讨论内容包括：该场景中人工智能技术的具体应用、对个人生活的影响、对社会发展的潜在影响等。

每个小组推选一名代表，由其分享本组的讨论成果。

（3）互动问答。

设计一些关于未来智能生活的问题，例如"智能家居如何提高生活便利性""智慧交通对城市交通拥堵有何影响"等。

邀请参与者回答这些问题，并鼓励他们分享自己的见解和想法。

2. 案例分享

（1）选择一个具体的未来智能生活案例，例如某城市利用人工智能技术优化城市管理和居民生活。

（2）详细讲解该案例中涉及的技术细节和实际成效，帮助参与者更深入地理解人工智能技术在实际应用中的作用。

2.5 【任务总结】

通过本次学习任务，我们深入探讨了人类在未来智能社会中的生活场景及其对个人和社会的影响。首先，通过互动环节展示了智能家居、智慧交通、智能医疗等未来生活场景，使参与者直观地感受到人工智能技术的具体应用。在小组讨论中，参与者积极分享了各自对于这些场景的看法，探讨了人工智能技术带来的便利性及潜在挑战。

此外，我们还通过案例分享详细讲解了某城市如何利用人工智能技术优化城市管理和居民生活，进一步加深了参与者对人工智能实际应用的理解。在任务总结部分，我们回顾了本次任务的主要内容，强调了人工智能技术在提高生活便利性和社会效率方面的积极作用，同时也指出了其可能引发的隐私保护、数据安全等问题。

2.6 【评价反思】

1. 学习评价

根据学习任务的完成情况，对照表 2-1 中"观察点"列举的内容进行自评或互评，并在对应的表格内打"√"。

表 2-1 学习评价

观察点	完全掌握	基本掌握	尚未掌握
（1）掌握云计算的定义和技术特点			
（2）了解大数据技术及其在不同领域的应用			
（3）理解物联网技术的关键特点			

2. 学习反思

根据学习任务的完成情况，在表 2-2 中，对相关问题进行简要描述。

表 2-2　学习反思情况

回顾与反思	简要描述
（1）知道了什么？	
（2）理解了什么？	
（3）能够做什么？	
（4）完成得怎么样？	
（5）还存在什么问题？	
（6）如何做得更好？	

2.7　【能力训练】

1. 判断题

（1）在未来智能社会中，智能家居系统将能够自动调整室内温度、照明和安全监控，无需人工干预。（　）

（2）智慧交通系统将完全消除交通拥堵，因为所有车辆都将实现自动驾驶。（　）

（3）物联网设备的普及将使个人隐私面临更大的风险，因为这些设备会收集和传输大量个人数据。（　）

（4）在未来智能社会中，人工智能将完全取代人类进行工作，导致大量失业。（　）

（5）智能医疗系统将能够通过远程诊断和治疗，提高医疗服务的可及性和效率。（　）

2.选择题

（1）以下哪种技术是未来智能社会中智能家居的核心技术？（　　）

　　A.云计算

　　B.大数据

　　C.物联网

　　D.区块链

（2）以下哪种技术在未来智能社会中有助于提升数据处理速度和存储效率？（　　）

　　A.物联网

　　B.大数据

　　C.云计算

　　D.虚拟现实

（3）物联网设备在数据传输过程中面临的主要挑战是什么？（　　）

　　A.数据安全和隐私保护

　　B.数据传输速度

　　C.设备兼容性

　　D.以上都是

（4）以下哪项是人工智能在医疗领域的应用？（　　）

　　A.远程诊断

　　B.疾病预测

　　C.个性化治疗方案

　　D.以上都是

（5）以下哪种技术可以帮助医生通过分析大量患者数据来改进治疗方案？（　　）

　　A.物联网

　　B.大数据

　　C.云计算

　　D.区块链

2.8 【小结】

本项目深入探讨了人工智能的技术基石——云计算、大数据和物联网，分析了这些技术的产生背景、核心概念、基本特征及分类，并讨论了它们与人工智能之间的紧密联系。通过互动环节和案例分享，不仅介绍了这些技术的基础知识，还提升了信息整合、批判性思维和团队协作等能力。总体而言，本项目旨在帮助读者全面理解人工智能技术的发展趋势及其对个人和社会的深远影响，为未来的学习和生活奠定坚实基础。

2. 选择题

项目 3　百花齐放：人工智能 + 行业应用

近些年，人工智能展现出快速发展的趋势。过去，人工智能主要应用于基础的图像识别和数据分析等领域；如今，它已广泛渗透至制造、交通、医疗、金融等多个行业，显著提升了生产效率、服务质量及决策精度。展望未来，随着技术的持续进步，人工智能的应用将在更多行业中得到深化和拓展，推动各行各业的创新与变革。本项目将介绍人工智能在典型行业中的应用，并探讨其未来可能的发展方向。

3.1 【任务情景】

最近，公司接了一个医疗行业的项目，其中，由小轩负责开发远程医疗诊断系统。他与医疗专家紧密合作，收集临床需求，设计出能够实时传输患者生命体征数据和医学影像的系统。利用大数据分析和人工智能算法，该系统能辅助医生快速诊断病情。系统上线后，小轩持续优化系统性能，提高诊断准确率，为偏远地区患者提供高效便捷的医疗服务，助力医疗资源均衡化。

3.2 【任务目标】

1. 知识目标

（1）掌握人工智能在制造、物流、金融、医疗等领域的核心应用与关键技术。

（2）理解深度学习、计算机视觉、自然语言处理等技术赋能行业的底层逻辑。

2. 能力目标

（1）能够结合行业特征，筛选适配的人工智能技术，并设计相应的解决方案框架。

（2）具备通过案例对比分析技术实施效果的能力。

（3）能初步评估 AI 项目落地的可行性，包括成本、收益与风险等方面。

3. 素养目标

（1）培养运用人工智能解决实际问题的能力。

（2）培养跨领域技术整合的全局思维。

3.3 【新知学习】

1. 智能制造

智能制造是指通过将人工智能与物联网、云计算、大数据分析、机器人技术深度融合，为传统制造业赋能，实现生产过程的数字化、网络化与智能化。智能制造的核心目标是提升生产效率、降低运营成本、提高产品质量，并快速响应市场变化与满足个性化定制需求。智能制造的典型应用如下。

- **智能生产调度与排产优化**：利用强化学习和遗传算法等智能优化方法，对生产计划进行动态调整，减少停工待料和库存积压现象，实现从"大规模生产"向"多品种小批量柔性生产"的转变。
- **设备预测性维护**：通过对机床、流水线、传送设备的传感器数据进行实时监控，借助机器学习模型预测设备故障发生的概率与时间节点，提前安排维护与备件供应，延长设备寿命，降低停机风险。
- **智能质检与产品改进**：计算机视觉与深度学习技术可快速识别产品表面的微小缺陷，并根据检测结果及时调整工艺参数，持续优化产品质量与生产流程。

智能制造的具体落地案例包括汽车制造业的无人车间、电子产品装配中的全自动线体，以及服装定制行业的按需生产模式等。这些创新为制造业从人力密集型向知识与技术密集型转变奠定了基础。图 3-1 展示了生产车间的智能机械臂。

图 3-1　智能机械臂

2. 智慧交通

智慧交通通过融合人工智能、物联网和大数据分析，为城市交通系统的规划、决策与服务提供科学依据。智慧交通的核心目标是缓解城市拥堵、提升出行安全与效率、降低能源消耗，并为用户提供更人性化的出行体验。智慧交通的典型应用如下。

- **智能信号控制**：借助交通摄像头和车辆传感数据，大模型可预测未来几分钟的车流量变化，并动态调整交通信号灯时长，从而提高主干道通行能力，减少车辆怠速时间和尾气排放。

- **车队调度与智慧公交**：大数据平台可实时监控公交车运行轨迹及载客情况，通过智能算法对公交线路进行调度与排班，实现准点率提高和乘客出行体验优化。

- **自动驾驶与辅助驾驶**：自动驾驶车辆利用传感器融合（如激光雷达、毫米波雷达、摄像头）、深度学习技术和决策控制算法，实现对周围环境的感知、道路风险的预测、安全车道的规划以及车辆运动的控制，最终达到减少交通事故、降低驾驶疲劳的目的。

智慧交通的实践已在多座智慧城市中展开，例如，通过智能信号系统减少高峰期拥堵，或在特定园区及高速公路上开展自动驾驶车辆的试运行，为未来的普及奠定坚实基础。图 3-2 展示了综合全局交通。

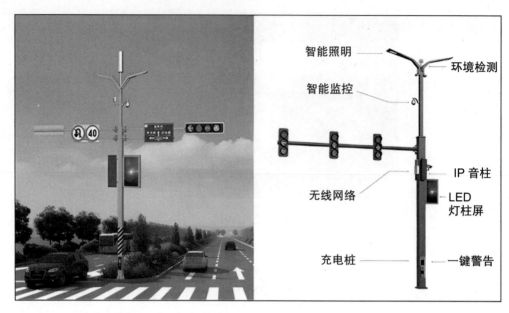

图 3-2   综合全局交通

3. 智慧物流

智慧物流将人工智能技术应用于仓储、分拣、运输、配送和供应链管理的各个环节，通过自动化设备与智能决策算法，实现物流过程的高效、透明与可靠。智慧物流的典型应用如下。

- **智能仓储与分拣机器人**：基于机器人视觉与路径规划算法的自动分拣系统可快速准确地分配货品存储位置，并自主将货物从货架运送至出货口，大大提升仓储操作的效率与准确率。
- **运输路线优化与动态调度**：物流企业通过对道路拥堵情况、订单密度与天气变化进行实时分析，利用智能路径规划算法对配送路线与车辆调度进行动态调整，从而减少空驶率并降低燃油成本。
- **供应链协同与需求预测**：大模型通过分析历史销售数据、市场趋势和供应商产能，预测未来需求并优化库存水平，使供应链具备快速响应市场变化的能力，减少囤货和缺货的风险。

智慧物流实现了从"人找货"到"货找人"的理念转变，为电商、零售商和制造企业提供极具竞争力的物流服务方案。图 3-3 展示了物流企业的无人物流。

图 3-3 无人物流

4. 智能家居

智能家居利用传感器融合、语音识别、自然语言处理与云平台，实现家居设备之间的智能互联与协同控制，使居住空间更加舒适、安全、节能。智能家居的典型应用如下。

- **智能语音交互与场景联动**：用户可通过语音助手（如智能音箱）对照明、空调、安防摄像头等设备进行统一控制。当用户发出"我要看电影"的指令时，系统会自动调暗灯光、启动电视和音响，营造沉浸式的娱乐场景。
- **智能安防系统**：安防摄像头与智能门锁通过人脸识别、入侵检测算法与手机应用实现远程监控与警报通知，保障居住环境的安全。
- **室内环境感知与调节**：传感器实时监测室内温湿度、空气质量与光线强度，智能算法据此智能调控空调、空气净化器与窗帘开合，使居住环境始终保持宜人状态。

智能家居不仅是对硬件设备的升级，更是对用户生活方式的重塑，让科技融入日常，满足个性化与定制化的居家体验需求。图 3-4 展示了鸿蒙智能家居。

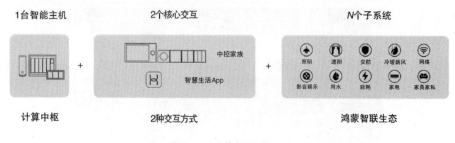

图 3-4　鸿蒙智能家居

5. 金融财务

在金融财务领域，人工智能为风险管控、投资咨询、客户服务和合规检测提供了新思路与新手段。通过自然语言处理、机器学习与知识图谱等技术，金融机构可快速分析大量非结构化数据，从而提高决策精度与服务品质。金融财务的典型应用如下。

- **智能风控**：通过对客户信用记录、交易行为与外部数据的综合分析，大模型可快速评估信用风险，预测潜在违约概率，并为金融机构制定相应的风控策略，有效降低不良资产率。

- **智能投顾**：利用机器学习对市场数据、宏观经济与投资者风险偏好进行建模与预测，智能投顾工具可为投资者提供科学的资产配置建议与投资组合优化方案，帮助其在复杂多变的市场中实现稳健增值。

- **智能客服与合规审查**：如图 3-5 所示，借助聊天机器人与自然语言理解技术，智能客服系统可提供 7 × 24 小时开户咨询、产品介绍、投诉受理等服务。同时，人工智能技术还可对金融文件与交易日志进行自动审查，识别潜在的违规行为与合规风险。

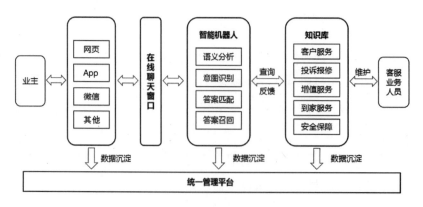

图 3-5　智能客服系统

智能金融的应用场景日益丰富，正在为投资者、企业和监管机构构建更加高效、透明和可持续的金融生态。

6. 智能医疗

在智能医疗领域，人工智能的引入正在加速医疗体系的变革。从医疗图像识别、临床决策辅助到个性化医疗方案定制，人工智能为提升诊疗效率、提高医疗质量以及改善患者体验带来了新的可能性。智能医疗的典型应用如下。

● **医疗影像辅助诊断**：利用深度学习模型分析 X 光、CT、MRI 等影像，快速识别肿瘤、炎症与病灶位置，为医生提供辅助诊断参考，从而减少误诊与漏诊。

● **个性化治疗与精准用药**：通过整合患者的基因组数据、病历信息及生活习惯，人工智能算法可为特定患者制定个性化治疗方案和药物剂量，实现精准医疗。

● **智能健康管理与预防医学**：结合可穿戴设备与远程医疗平台，人工智能算法可实时跟踪个人健康指标（如心率、血压、血糖），预测潜在疾病风险，并为用户提供健康指导与生活方式建议，推进医疗模式从以治疗为主向以预防为主的转型。

智能医疗的应用帮助医疗资源得到更加合理的分配，提高了医疗服务的可及性和公平性，并为医疗体系的持续升级奠定了坚实基础。图 3-6 展示了 AI 医学诊断。

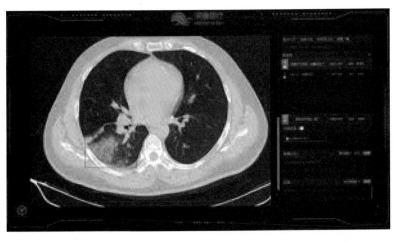

图 3-6　AI 医学诊断

7. 文化艺术

人工智能在文化艺术领域的应用，为艺术创作、鉴赏与传播带来了全新维度。人工智能不仅能辅助艺术家激发灵感与表达创意，还能帮助普通用户更便捷地接触、理解与欣赏艺术作品。文化艺术的典型应用如下。

● **艺术品鉴定与推荐**：利用图像识别技术，人工智能算法可识别艺术品的风格、历史时期与艺术流派，为真伪鉴定提供参考，并根据用户兴趣推荐相似风格的作品，拓宽艺术鉴赏的视野。

● **音乐、绘画与文学创作辅助**：基于生成对抗网络（Generative Adversarial Network，GAN）与预训练语言模型技术，大模型可生成绘画原型、文学片段或乐曲片段，为艺术家提供灵感素材，也可辅助音乐人快速制作背景音轨或和弦，提升创作效率。

● **虚拟展览与文化遗产保护**：结合虚拟现实和增强现实技术以及智能导览系统，用户可在虚拟空间中欣赏名画、古迹与文物，并获得由大模型生成的背景介绍与交互式导览体验。

人工智能技术为艺术创作与文化消费注入了新的活力，使艺术更加平易近人，突破了地域与时间的限制。

3.4 【任务实施】

（1）列举若干人工智能在各行各业的具体应用实例。

（2）探讨人工智能对各行各业所带来的影响。

3.5 【任务总结】

本任务聚焦于人工智能在不同行业的应用，内容涵盖智能制造、智慧交通、智慧物流、智能家居、金融财务、智能医疗和文化艺术等领域。本任务分析了人工智能在提升生产效率、优化交通管理、强化金融风险控制以及辅助医疗诊断等方面所发挥的关键作用。通过具体案例的展示，可以看出人工智能技术已深度融入各行各业，成为推动行业创新不可或缺的支持力量。本任务的学习不仅加深了我们对人工智能在各行业中应用的理解，同时也为后续探索人工智能技术的实际应用提供了理论基础与实践上的思考。

3.6 【评价反思】

1. 学习评价

根据学习任务的完成情况，对照表 3-1 中"观察点"列举的内容进行自评或互评，并在对应的表格内打"√"。

表 3-1 学习评价

观察点	完全掌握	基本掌握	尚未掌握
（1）理解人工智能行业应用所面临的挑战，例如数据隐私、技术适配性等问题，并了解相应的应对策略			
（2）具备评估人工智能项目落地可行性的能力，需综合考量成本、收益与风险等因素			
（3）能够依据行业需求挑选合适的人工智能技术，并设计出满足这些需求的解决方案框架			

2. 学习反思

根据学习任务的完成情况，在表 3-2 中，对相关问题进行简要描述。

表 3-2 学习反思情况

回顾与反思	简要描述
（1）知道了什么？	
（2）理解了什么？	
（3）能够做什么？	
（4）完成得怎么样？	
（5）还存在什么问题？	
（6）如何做得更好？	

3.7 【能力训练】

1. 判断题

（1）人工智能技术在智能制造领域的应用主要体现在提升生产效率与质量控制方面。（   ）

（2）在智慧交通中，人工智能主要通过增强现实技术来提升交通流量和优化路线。（   ）

（3）人工智能在金融领域的应用主要集中在自动化客户服务和信用评估方面。（   ）

（4）人工智能技术在医疗健康领域无法解决数据隐私和技术适配性问题。（   ）

（5）深度学习和计算机视觉是智能制造中用于优化生产过程的重要技术。（   ）

2. 选择题

（1）在智能制造领域，人工智能应用最直接的影响是什么？（   ）

    A. 改进客户服务

    B. 提升生产效率和质量控制

    C. 扩大市场规模

    D. 降低原材料消耗

（2）以下哪种技术在智慧交通领域中起着关键作用？（   ）

    A. 自然语言处理

    B. 大数据分析

    C. 增强现实

    D. 无人机控制

（3）在金融领域，人工智能技术主要应用于哪些方向？（   ）

    A. 产品定价

    B. 风险控制和智能投顾

    C. 客户管理

    D. 品牌宣传

（4）以下哪种人工智能技术是智能制造中用于设备预测性维护的核心技术？（   ）

　　A. 深度学习

　　B. 计算机视觉

　　C. 强化学习

　　D. 机器学习

（5）在智能医疗领域，下列哪种技术最有助于提升诊疗效率?（　　）

　　A. 数据加密技术

　　B. 机器人手术系统

　　C. 医疗影像辅助诊断

　　D. 基因编辑技术

3.8　【小结】

　　本项目全面介绍了人工智能在多个行业中的典型应用案例。从智能制造的高效生产到智慧交通的精细化调度，从智慧物流的精妙协同到智能家居的贴心服务，以及金融财务的精准决策、智能医疗的个性化诊疗、文化艺术的创意激发，无不体现出人工智能技术"百花齐放"的繁荣景象。

第二部分

人工智能基本原理与技术概要

人工智能是计算机科学的一个重要分支，旨在模拟人类智能行为，使机器具备感知、学习、推理和决策的能力。感知是指通过传感器（如摄像头、麦克风等）获取环境数据；学习则是指通过算法从数据中提取模式与规律；推理是指通过逻辑推理和概率模型（如贝叶斯网络）对复杂问题进行分析和决策；而决策则是指在推理基础上做出的最优选择。

深度学习作为机器学习的一个分支，利用多层神经网络处理复杂数据，在图像识别、语音识别和自然语言处理等领域得到广泛应用。常见的机器学习方法包括监督学习（如分类和回归）、无监督学习（如聚类和降维）以及强化学习（通过与环境交互优化行为策略）。监督学习中的决策树和神经网络、无监督学习中的聚类等，都是人工智能领域的重要算法。这些算法以不同方式处理数据，解决各类复杂问题，为人工智能技术的发展提供了有力支撑。

人工智能生成内容（Artificial Intelligence Generated Content，AIGC）是人工智能领域的一个重要分支，旨在通过生成式模型自动生成文本、图像、音频和视频等多种形式的内容。AIGC 在内容创作、教育、广告和娱乐等领域展现出巨大的潜力，该技术不仅显著提升了创作效率、降低了成本，还为内容创作者提供了强大的工具支持。

　　AIGC 不仅推动了内容创作方式的革新，还在教育、医疗、金融等多个领域提供了新的解决方案，为社会带来了广泛而深远的影响。随着技术的持续发展，AIGC 的应用边界将进一步拓展，为人类社会带来更多创新与机遇。

项目 4   人工智能基本原理

人工智能的基本原理在于模拟人类智能，使计算机能够学习、推理并解决问题。其核心是通过算法利用大量数据训练模型，让计算机自动识别数据中的规律和特征。例如，神经网络模仿人脑神经元的结构，通过多层节点间的连接及权重的动态调整，实现对复杂数据的处理与分析。此外，人工智能还运用逻辑推理和搜索算法等技术来提升决策和问题解决的能力。最终，通过数据驱动机制与智能算法的结合，人工智能赋予机器类似人类的智能行为。

本项目将系统地阐述基于规则的人工智能、数据驱动的人工智能，以及神经网络与深度学习这三大核心领域。

4.1 【任务情景】

在当今数字化时代，图像数据如潮水般涌现，从社交媒体上的海量照片到医学影像诊断中的关键图像，再到安防监控中的实时画面，图像分类的需求无处不在。作为一名充满好奇心与探索欲的软件工程师，小轩正站在一个充满挑战与机遇的项目起点。

小轩所在的团队承接了一个图像分类项目，任务是开发一个能够自动识别并分类不同类型车辆的系统。项目涉及城市交通监控摄像头针对各种品牌和型号的汽车、卡车、摩托车等在不同光照条件、角度和背景下拍摄的照片。如果依靠人工逐一查看和分类，不仅耗时费力，而且容易出错。小轩深知，人工智能中的图像分类算法正是破解这一难题的关键所在。

他需要利用相关算法，使计算机能够像人类一样"看懂"图像，并将其准确地归类到相应的类别中。这不仅涉及让机器理解图像中的像素信息，还需要通过算法训练，使其学习不同车辆的特征，从而在面对新图像时，能够迅速而准确地作出判断。这是一场与数据、算法和模型的深度对话，小轩即将踏上一段充满挑战与惊喜的学习之旅。而人工智能的基本原理知识，正是他手中那把开启智能图像分类大门的钥匙。

4.2 【任务目标】

1. 知识目标

（1）理解人工智能的基本概念：掌握人工智能的定义，认识其在现代社会中的重要性，并了解其典型应用场景。

（2）熟悉人工智能的关键技术：了解基于规则的人工智能、数据驱动的人工智能、神经网络与深度学习等技术的基本原理、主要方法及其相互关系。

（3）掌握人工智能的算法基础：熟悉常见人工智能算法（如线性回归、决策树、神经网络等）的工作原理、优缺点及适用场景。

（4）了解人工智能的应用领域：通过案例，了解人工智能在医疗、交通、金融、教育等领域的实际应用，并知道如何通过技术优化提升应用效果。

2. 能力目标

（1）信息整合与表达能力：能够系统梳理人工智能的基础知识与技术方法，并以清晰、简洁的方式撰写报告或进行口头讲解，帮助他人快速理解相关内容。

（2）技术应用能力：通过实践操作，掌握初步应用人工智能技术的能力，包括选择合适的算法、进行数据处理、训练模型及评估性能等。

（3）问题分析与解决能力：能够识别人工智能应用中可能出现的常见问题（如数据质量问题、模型过拟合等），并结合所学知识提出切实可行的解决方案。

（4）创新思维能力：在理解人工智能基本原理的基础上，能够探索其在不同场景中的潜在应用，提出具有创新性的解决方案或优化思路。

3. 素养目标

（1）技术学习素养：培养对人工智能技术的学习兴趣和自主学习能力，扎实掌握人工智能相关技术的基础理论，持续更新知识体系，保持技术敏感性与前沿性。

（2）团队协作素养：通过小组讨论、项目实践等形式，增强团队协作能力，强化知识共享意识，学会在合作中高效沟通与协同解决问题。

（3）创新思维素养：鼓励在学习与实践中积极思考，勇于尝试新方法、新技术，不断拓展应用边界，培养创新意识与创造性解决问题的能力。

4.3 【新知学习】

人工智能是一个涵盖多种技术和应用的广泛领域。其中，机器学习作为人工智能的一个子领域，专注于通过数据和经验使系统性能实现自动提升。深度学习则是机器学习的一个分支，它利用多层神经网络来学习复杂的模式与特征。而神经网络作为深度学习的核心结构，通过模拟大脑神经元之间的连接方式进行学习与推理。人工智能、机器学习与深度学习之间的关系如图 4-1 所示。

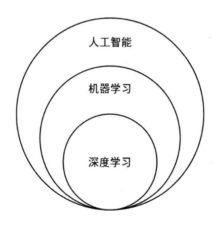

图 4-1　人工智能、机器学习与深度学习之间的关系

人工智能可以形象地比作学习各种不同的技能，例如骑自行车、游泳和打篮球。机器学习则专注于其中的一项技能——就像是专门学习如何骑自行车，通过不断实践与调整来逐渐掌握平衡的技巧。深度学习进一步深入这一比喻，如同在面对各种复杂路况时学习骑自行车，包括应对上坡、下坡以及转弯等情形。而神经网络类似于大脑中的神经元，它们通过持续的练习和反馈，调整各肌肉间的协调性以维持平衡。

4.3.1 基于规则的人工智能

基于规则的人工智能（Rule-Based AI），也被称为专家系统（Expert System）或规则 AI，是一种通过预定义规则来模拟人类专家决策和推理过程的人工智能方法。这些规则通常由领域专家制定，并被编码进系统中，使系统能够在特定领域内进行判断与决策。

以信贷审批为例，这是基于规则的人工智能在现实中一个常见且典型的应用场景。面对大量贷款申请时，银行为降低违约风险，会制定一系列评估指标和规则。例如，银行会根据申请人的信用历史计算其信用评分，如果评分低于某个设定的阈值，贷款申请可能会被自动拒绝；同时，还会审查贷款用途是否合理合法，以及是否符合银行现行的贷款政策；此外，还会考察申请人工作年限、职业类型及其居住地变动频率等。

这些评估标准本质上采用的是类似"如果—那么"（IF-THEN）的逻辑结构。例如，"如果信用评分低于 X，则拒绝贷款申请"或者"如果职业稳定性不足 Y 年，则需进一步审核"。只要满足一定的前置条件，系统便可据此作出相应的处理决策。

借助这种规则体系，计算机能够高效地执行复杂的判断任务。试想，如果将信贷审批的标准整理成一套可程序化查询的规则数据库，程序只需读取并判断规则条件是否满足，即可完成后续的推理与决策流程。

通过上述例子可以看出，基于规则的人工智能依赖先验知识来完成后续的推理与决策。在基于规则的人工智能架构中，若干核心组件共同构成了一个精密且高效的决策系统。

● **推理引擎**（Inference Engine）：推理引擎是一种计算机程序，能够依据现有的信息，如规则、事实等进行推理以发现新信息。简而言之，它就像一台具备思考能力的机器，可以根据已知线索逐步推导出结论。这种推理过程不仅体现了人工智能的思考能力，也是实现自动化决策的关键所在。

● **规则**（Rule）：规则是构成知识库的基础元素，通常采用"IF-THEN"的逻辑结构来表达特定条件下的行动或结论。这些规则凝聚了领域专家的知识，将人类专家的决策逻辑转化为可执行的指令。例如，"如果室内温度超过 30℃，那么自动启动空调系统"，这样的规则使系统能够在具体环境下作出适当的响应。

● **事实库**（Fact Base）：事实库是一个存储当前已知事实和数据的数据库，为推理引擎提供逻辑推理所需的原始材料。这些事实可以来自传感器输入、用户输入或系统内部状态信息。在推理过程中，事实库的数据与规则中的条件相匹配，以确定哪些规则应当被激活。

● **知识库**（Knowledge Base）：作为整个基于规则的 AI 系统的基石，知识库包含了所有规则和事实。它不仅存储了领域专家的专业知识和经验，还为推理引擎提供了必要的决策信息。知识库的设计与维护对于保证系统的性能和准确性至关重要。通过对知识库的不断更新和优化，系统能够适应变化中的环境和需求，从而提升决策的效率和质量。

基于规则的人工智能在多个领域得到广泛应用，这些应用不仅拓展了人工智能的实践范畴，也显著推动了相关行业的发展与创新，例如在知识工程和专家系统中的应用。

在知识工程领域，基于规则的 AI 系统能够将专家的知识和经验转化为可执行的规则与算法。这些系统通过收集、整理和编码专业知识，构建结构化的知识库，从而为决策提供有力支持。知识工程的典型应用包括智能辅导系统、自动设计系统以及各种专业咨询工具。

专家系统是一类模拟人类专家在特定领域内决策与推理能力的人工智能程序。它们通过应用预定义的规则，对复杂问题进行分析并提供解决方案。专家系统广泛应用于多个领域：在医疗诊断中辅助医生识别疾病，在金融领域中评估投资风险，在法律咨询中提供案件分析与法律建议，在环境科学中用于预测环境变化趋势。

基于规则的 AI 系统通常遵循以下工作流程（见图 4-2）。

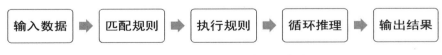

图 4-2　基于规则的 AI 系统的工作流程

（1）**输入数据**：系统首先接收来自用户输入或外部源的数据，这些数据构成了初始事实的基础。这些事实（例如患者的症状、金融市场的实时数据或客户的服务请求）被存储在事实库中，作为推理过程的起点。

（2）**匹配规则**：推理引擎开始运作，它扫描知识库中的每一条规则，寻找那些前提条件（即 IF 部分）与事实库中的事实相匹配的规则。这一过程体现了系统的智能，因为它能够识别出哪些规则适用于当前的情况。

（3）**执行规则**：对于匹配的规则，推理引擎将执行其动作（即 THEN 部分），这可能包括更新事实库中的信息或者生成新的输出。这些动作是系统对当前情况的响应，并推动决策过程向前发展。

（4）**循环推理**：推理引擎会持续重复匹配和执行规则的过程。这种循环推理确保了系统能够处理复杂情况，其中可能需要连续应用多条规则。此过程将持续进行，直到没有更多的规则可以匹配，或者系统达到了预设的终止条件，例如，满足某个决策阈值或完成所有相关规则的执行。

（5）**输出结果**：在推理过程完成后，系统将生成最终的决策或结论。这些结果可能是诊断报告、投资建议、客户服务解决方案或其他形式的输出，它们都是基于规则的 AI 系统智慧的结晶。系统将这些结果提供给用户，以支持决策制定。

基于规则的 AI 系统通过这一严谨的工作流程，确保了决策的逻辑性和一致性。此类系统在需要明确规则和逻辑的应用场景中表现优异，例如医疗诊断、金融风险评估、客户服务等领域。我们可根据上述步骤，模拟基于规则的 AI 系统解决信贷审批问题的过程。

首先，在输入数据阶段，系统接收申请人提供的财务信息、信用历史、收入证明、贷款额度及贷款期限等资料。这些数据作为初始事实被输入并存储在事实库中，为信贷审批流程提供基础信息支持。接下来进入匹配规则阶段，推理引擎开始运作，扫描知识库中的规则——这些规则依据银行的信贷政策和风险评估标准制定。推理引擎会检查哪些规则的前提条件（即 IF 部分）与事实库中的现有事实相匹配。例如，某条规则可能是"如果申请人的信用评分高于 700，并且年收入超过50 000 元，则判断其信用状况良好"。

对于匹配的规则，推理引擎将执行其对应动作（即 THEN 部分），这可能包括更新事实库中的信用评级，或者生成批准贷款的初步建议。这些操作是基于预设规则的自动响应，推动审批流程继续进行。推理引擎会不断重复规则匹配与执行的过程，在此过程中会综合考虑多个因素，例如申请人的负债收入比、就业稳定性及财产状况等。

在所有匹配规则执行完毕后，系统将生成最终的信贷审批决定。该决定可能是附带具体贷款条件（如利率、还款期限等）的批准建议，或是基于风险评估的拒绝结论。最终结果将提交至银行的信贷审批部门，供其作出最终判断。

在整个信贷审批过程中，基于规则的 AI 系统能够快速分析大量数据，并综合多重规则因素，提供可信赖的辅助决策支持。此类系统有助于提升审批效率、减少人为失误，并确保信贷决策符合银行内部政策及监管要求。随着技术不断发展，这些系统可进一步优化，以适应变化的市场环境和信贷风险管理需求。目前，基于规则的人工智能已被广泛应用于多个领域，包括但不限于医疗诊断、故障诊断、金融决策及法律咨询等。

4.3.2　数据驱动的人工智能

数据驱动的人工智能基于海量数据训练模型，从中学习模式和规律，以实现智能决策与预测。它依赖于数据的规模与质量，利用深度学习等算法自动提取特征，广泛应用于图像识别、自然语言处理等领域。然而，数据驱动的人工智能也面临着数据隐私、偏见及模型可解释性的挑战，需要通过技术优化和法规监管来加以完善，从而推动其可持续发展。

数据驱动的人工智能涉及大规模数据的处理。在处理数据时，经常遇到存在缺失值的情况，针对这一问题，需要根据数据类型、缺失机制和场景选择合理的方法。例如，当缺失比例低（如小于 5%）且样本量充足时，直接删除缺失样本是常用方法，可避免引入偏差；使用均值或中位数填充缺失值；使用插值方法填充缺失值。此外，出现频率最低的值（众数的对立面）通常是异常值或边缘情况，不代表典型分布，此时不能使用这类数据填充缺失值。

1. 分类

分类是机器学习中用于预测离散标签或类别的任务。在日常生活中，分类问题十分常见，例如垃圾邮件过滤、疾病诊断以及图像识别等。决策树是一种常用的分类算法，它通过学习输入特征与输出标签之间的关系，构建一个树状结构来预测新数据的类别。如图 4-3 所示，在相亲决策树模型中，我们考虑了外貌（Appearance）、性格（Personality）、职业（Job）等几个特征。目标是根据这些特征判断是否继续交往。

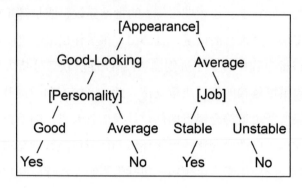

图 4-3　相亲决策树模型

在构建决策树模型之前，我们需要收集相关数据，这可以通过采访相亲对象或从现有数据集中获取。特征选取是构建决策树的关键步骤，它直接关系到模型的预测能力。在构建决策树时，选择最佳分割特征非常重要，通常我们会挑选那些具有最高信息增益或最低基尼系数的特征，即在相亲决策树中选择最能决定是否继续与相亲对象交往的特征。例如，我们可能会首先根据外貌特征进行分割，然后依据性格或职业等特征进一步细分。

构建好决策树后，需要对其进行训练与评估。我们使用收集到的数据训练决策树模型，并通过验证集或交叉验证方法评估其性能。常见的评估指标包括准确率、召回率和 F1 分数。一旦模型达到预期的评估标准，即可部署至实际应用中。例如，输入一个人的信息后，模型将输出是否继续交往的建议。

通过这一案例可以看出，决策树在处理分类问题时具有较强的直观性与有效性。它不仅有助于揭示数据中的潜在模式，还能为复杂决策提供可靠的数据支持。

2. 回归

回归是另一种常见的机器学习任务，同时也是一种统计方法，用于研究变量之间的关系。它通过建立数学模型，预测因变量（即目标变量）与一个或多个自变量（即特征变量）之间的关系。线性回归因其简单性和可解释性，成为许多回归问题的首选方法。该方法假设变量之间存在线性关系，并通过最小二乘法等技术拟合最佳直线。回归适用于预测连续数值，如房价、温度等，广泛应用于数据分析、机器学习和科学研究。

与分类不同，分类任务的预测结果是一个类别或离散值，而回归任务的预测结果通常是可连续表示的数值。房价预测是一个典型的回归问题，我们可以使用线性回归模型来预测房屋的价格。在房价预测模型中，输入特征可能包括房屋的地段、是否靠近地铁、面积，以及周边学校、医院等配套设施因素，输出则是预测的房价。

在构建线性回归模型之前，我们需要明确输入与输出之间的关系，并构建一个包含这些特征的数据集。随后，使用训练数据估计模型参数，即找到最佳拟合直线。同时，还需评估模型性能，例如使用均方误差（Mean Squared Error，MSE）或决定系数（R^2）来衡量预测值与实际值之间的差异程度。最终，将训练好的模型应用于实际场景，当输入新的房屋特征时，模型将输出对应的房价预测结果。

3. 聚类

利用无标签的数据学习其分布或数据与数据之间的关系被称作无监督学习。监督学习与无监督学习的主要区别在于数据是否带有标签（标签用于标记类别）。无监督学习最常见的应用场景包括聚类和降维。聚类算法就像将相似的对象分组，例如将水果分为苹果、香蕉、橙子等类别。此过程不需要预先知道每组的具体类别，而是通过计算数据间的相似性来实现，将相近的对象归为一组。

以 K 均值算法为例，它首先随机选取 K 个点作为"中心点"，然后将其他点分配给最近的"中心点"，接着调整这些"中心点"的位置，这一过程重复进行直到分组稳定不变。聚类能够帮助我们发现数据中隐藏的规律，例如将顾客划分为不同的消费群体。如图 4-4 所示，经过 K 均值算法处理后，样本被划分为两类。物流配送点的规划是 K 均值算法的一个典型应用实例。假设需要在某个社区规划物流配送点的位置，目的是让配送点周围的居民能够更便捷地提取包裹，这时可以使用 K 均值算法，人为设定 K 个配送点，算法会输出 K 个聚类中心，这 K 个中心对应了物流配送点的最佳位置。

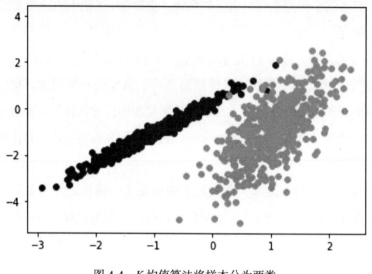

图 4-4　K 均值算法将样本分为两类

4. 降维

降维是减少数据集中特征数量的过程，同时尽可能保留原始数据的主要信息，从而简化问题的规模。主成分分析（Principal Component Analysis，PCA）是一种常用的线性降维方法，它通过正交变换将数据转换到一个新的坐标系中，使得数据在新坐标系下的投影中，第一主成分具有最大的方差，第二主成分具有次大的方差，以此类推。

通过上述例子可以看出，机器学习能够从数据中提取有价值的信息，实现准确预测、发现数据模式，并降低数据的复杂性。机器学习是一种通过统计推断，从数据中自动分析和获取规律，并利用这些规律对未知数据进行预测的方法。它是实现人工智能的一种数据驱动型技术。机器学习的效果依赖于训练数据集的质量和规模，通常来说，数据量越大，学习效果越好，模型的准确度也越高；但同时也要注意避免出现过拟合的问题。这类"训练数据"通常由人类提供，但在某些情况下也可由机器自主获取。近年来，人工智能在多个领域取得突破，主要得益于机器学习与深度学习算法的发展。所谓机器学习思维，是指在一定数据基础上，借助人工智能技术进行分析的思考方式。掌握这种思维方式，对于理解现代人工智能的应用具有重要意义。

5. 朴素贝叶斯

朴素贝叶斯是一种基于贝叶斯定理的统计方法，用于从数据中学习模型参数，并进行预测与推理。朴素贝叶斯的核心思想是将先验知识与观测数据相结合，以推断出模型参数的后验分布。这种方法不仅提供了对模型参数的估计，还量化了估计的不确定性。

为了更直观地理解朴素贝叶斯，我们以垃圾邮件检测为例进行说明。网上常见的学术会议征文类垃圾邮件通常具有以下特征：（1）无收件人姓名（即表 4-1 中的"无收"）；（2）无发件人姓名（即表 4-1 中的"无发"）；（3）包含"会议""征文""SCI"等关键词。现在，我们使用朴素贝叶斯算法来判断一份具有特征 $x=$（无收，无发，征文）的新邮件是否为垃圾邮件。

表 4-1　电子邮件样本数据

样本序号	收件人	发件人	所含字符	类别
1	有收	无发	征文	0
2	有收	有发		1
3	无收	无发	SCI	0
4	无收	无发	会议	0
5	无收	有发	会议	1
6	无收	无发	征文	0
7	无收	无发	SCI	0
8	无收	无发	会议	0
9	有收	有发	会议	0
10	有收	无发	征文	0

在表 4-1 中，类别"0"表示垃圾邮件，"1"表示非垃圾邮件。我们已有一组样本数据，根据这些数据可以计算各个特征在不同类别下的概率。通过对这些概率进行贝叶斯公式计算，可得到该邮件属于垃圾邮件或非垃圾邮件的概率，并据此作出分类判断。

根据朴素贝叶斯算法，已知表 4-1 中共有 10 封邮件，其中 8 封为垃圾邮件（类别 0），2 封为非垃圾邮件（类别 1）。由此可得先验概率如下。

$P(0) = 8/10 = 0.8$

$P(1) = 2/10 = 0.2$

在垃圾邮件类别（类别 0）中，计算新邮件同时出现"无收""无发""征文"特征的条件概率。

$$P(x\,|0) = P(\text{无收}\,|0) \times P(\text{无发}\,|0) \times P(\text{征文}\,|0) \times P(0)$$
$$= (5/8) \times (7/8) \times (3/8) \times 0.8$$
$$\approx 0.164$$

在非垃圾邮件类别（类别 1）中，计算新邮件同时出现"无收""无发""征文"特征的条件概率。

$$P(x\,|1) = P(\text{无收}\,|1) \times P(\text{无发}\,|1) \times P(\text{征文}\,|1) \times P(1)$$
$$= 1/2 \times 0/2 \times 0/2 \times 0.2$$
$$= 0$$

显然，$P(x\,|0) > P(x\,|1)$，因此该邮件被判定为垃圾邮件。

朴素贝叶斯的核心思想是通过数据更新我们的信念，同时保留对不确定性的量化。该方法允许将先验知识纳入模型中，在数据量较少时尤为有用，并可通过后验概率进行决策与判断。

6. 强化学习

强化学习是机器学习领域的一个重要分支，它使智能体能够从零开始，通过不断尝试，从错误中学习，最终发现规律，掌握实现目标的方法。这一过程构成了完整的强化学习循环。在实际应用中，强化学习的例子非常多，其中最著名的当数 AlphaGo。它通过强化学习算法进行训练，成功击败了围棋世界冠军。如图 4-5 所示，强化学习主要由 5 个要素构成：智能体（Agent）、环境（Environment）、状态（State）、动作（Action）和奖励（Reward）。强化学习的目标是使智能体获得尽可能多的累计奖励。

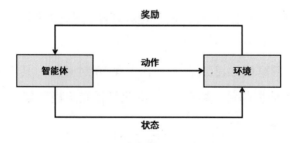

图 4-5　强化学习的构成要素

这里以幼儿学步为例进行比喻。幼儿想要学习走路，首先需要站立起来，接着保持平衡，然后迈出第一步，并继续前行。在这个过程中，幼儿扮演着智能体的角色，通过执行动作（行走）来影响环境（地面），并从一个状态过渡到另一个状态（每一步）。当幼儿完成部分任务（如走几步）时，会获得奖励（例如鼓励），而在不尝试行走时则不会得到这种正面反馈。

强化学习是一种基于反复试错的迭代思维方式。由于缺乏直接的指导信息，智能体必须持续与环境互动，通过试错探索出最优策略。作为机器学习中极为活跃且富有吸引力的一个领域，强化学习相较于其他学习方式更接近生物学习的本质，因此有望实现更高层次的智能水平，这一点已在棋类游戏中得到验证。此外，强化学习已广泛应用于多个领域，包括无人驾驶、AlphaGo、智能音箱以及DeepSeek-R1 等。

4.3.3　从神经网络到深度学习

近年来，随着深度学习技术的迅猛发展，人工智能领域取得了显著进步，同时人们的日常生活也发生了革命性的变化。无论是精准高效的人脸识别技术、智能决策能力出众的围棋程序，还是流畅自然的机器翻译服务以及多才多艺的智能机器人，这些应用的普及和完善无不彰显了深度学习技术的重要性。

然而，值得注意的是，深度学习的基础理论——感知机早在20世纪50年代人工智能诞生之际便已提出，而这一理论被认为是深度学习起源的关键。简而言之，感知机是一种"接收多个输入并产生单一输出"的模型。重要的是，输入值并非直接传输到输出端，而是经过"加权"计算过程。以图 4-6 中的房价预测模型为例，房屋面积、地理位置和建筑年代作为输入部分，而预测的房价则是输出结果。在此过程中，输入值与输出值会根据各自的权重进行调整。具体来说，整个过程首先将输入值乘以相应的"权重"，然后将这些值加总，感知机据此总和做出判断，最终输出预测的房价。读者可以将权重想象成不同直径的水管。如果影响房价的因素依次为房屋面积、地理位置和建筑年代，那么对应的权重关系则可能是 $w_1 > w_2 > w_3$，水管的粗细也因此由粗变细。

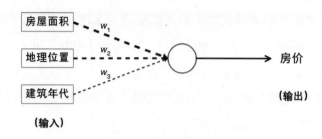

图 4-6　房价预测模型

影响房价范围的一个关键因素是房屋所在城市的不同等级。例如，一、二线城市与三、四线城市之间存在显著差异，这种能够影响输出值范围的因素我们称之为偏差项。在图 4-7 中，对图 4-6 的房价预测模型进行了改进，加入了偏差值（b）。引入偏差项的目的在于调整由权重与输入相乘所得结果的范围。值得注意的是，偏差项同权重一样，都是可以通过机器学习进行调整的。

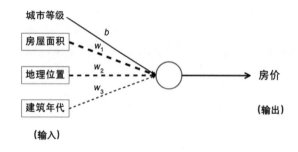

图 4-7　带偏差项的房价预测模型

感知机的一个显著优点在于其可以多层重叠，每层由输入值与偏差项组成的小单元构成。如图 4-8 所示，通过在感知机中增加 3 层隐藏层，该结构会形成一个网状结构，我们称之为人工神经网络或简称为神经网络。单独的一个感知机也被称为神经元。在每一层的顶部，存在的是偏差项。

在上述例子中，权重和偏差项仅执行线性变换。虽然线性方程较为简单，但在解决复杂问题方面的能力有限。此时，神经网络实质上只是一个线性回归模型。为了使神经网络能够处理更为复杂的非线性问题，我们引入了激活函数。常用的激活函数包括 Sigmoid 函数、Tanh 函数和 ReLU 函数等。如图 4-9 所示，在加入激活函数的神经网络中，激活函数对输入进行了非线性变换，从而使神经网络能够学习并执行更复杂的任务，例如语言翻译和图像分类等。需要注意的是，激活函数并非真的"激活"什么，而是向神经网络中加入非线性因素，使其能更好地应对复杂的问题。

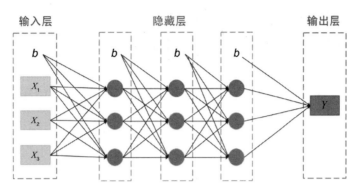

图 4-8　神经网络

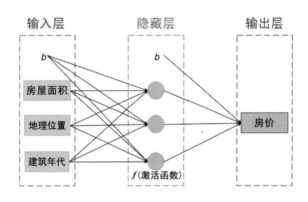

图 4-9　加入激活函数的神经网络

深度学习是神经网络层数不断增加的概念，尽管对于究竟多少层才能被称为深度学习还没有一个明确的标准，通常，只要隐藏层达到 3 层或以上，就可以视为深度学习的范畴。值得注意的是，虽然这些基本原理在 20 世纪 50 年代就已经确立，但当时并未得到广泛应用，主要原因有两点：一是随着构建的神经元层数增加，计算量也随之增大；二是深度学习所需的训练数据量庞大，而当时的计算机技术和大数据技术尚未成熟到能够满足这种需求的程度。如今，随着技术的进步，这些问题已得到有效解决，推动深度学习在全球范围内迅猛发展。

相较于传统的机器学习方法，深度学习在进行训练时需要更大规模的数据集。然而，具体所需的数据量难以一概而论，有时几万条数据可能就足够了，而在某些情况下则可能需要准备数以千万计的数据条目。同样地，关于神经网络中隐藏层的最佳数量也没有固定的答案，这往往依赖于经验判断。有时，即使增加了隐藏层，训练结果并不如预期那样理想，但在实际操作中偶尔也会发现，仅仅通过增加一层隐藏层，就能意外地提高模型的精确度。

深度学习的发展为我们的生活带来了诸多便利。例如，在使用人脸识别方式解锁手机时，卷积神经网络（Convolutional Neural Network，CNN）发挥着关键作用。CNN 通过模仿人类视觉皮层的工作机制，能够自动学习并提取图像中的关键特征。在人脸识别过程中，CNN 首先利用卷积层捕捉局部特征，如边缘和纹理；随后通过池化层降低这些特征的空间维度，从而减少计算复杂度。随着网络深度的增加，CNN 可以识别出更为复杂的特征，如眼睛、鼻子和嘴巴等面部结构。最终，全连接层将这些特征映射到特定的身份标签，实现高精度的人脸识别。

CNN 的优势在于能够有效应对图像的平移、旋转和缩放变化，同时保持对身份特征的识别能力。这一特性使其在安防监控、身份验证以及智能交互等多个领域得到广泛应用。

4.4　【任务实施】

本任务将通过一个实例介绍如何使用 Excel（或 WPS）进行线性回归以预测房价和聚类。

4.4.1　线性回归预测房价

本实例使用了一个简化数据集。相关数据请参阅本书配套的电子资源。接下来将详细说明操作步骤及结果。

1. 数据集

简化数据集中记录了房屋的面积和对应的房价等数据。下面将利用这些数据进行房价预测。数据示例如表 4-2 所示。

表 4-2　房屋的面积和对应的房价

房屋面积 /m^2	房价 / 万元
50	120
60	150
70	180
80	200

续表

房屋面积 /m²	房价 / 万元
90	220
100	250
110	280
120	300

2. 在 Excel 中的操作步骤

步骤 1：输入数据。打开 Excel，将上述数据输入到工作表中。假设将"房屋面积"输入到 A 列，将"房价"输入到 B 列。

步骤 2：绘制散点图。首先选中数据区域（A1:B9），然后单击"插入"选项卡，选择"散点图"，再选择"仅带数据标记的散点图"。此时将生成一个散点图，横轴为房屋面积，纵轴为房价。

步骤 3：添加趋势线。在生成的散点图中，单击任意一个数据点，右键选择"添加趋势线"。在"趋势线选项"面板中，选择"线性"，并勾选"在图表上显示公式"和"在图表上显示 R 平方值"。最后单击"关闭"。此时，Excel 将在散点图上添加一条线性趋势线，并显示回归方程和 R^2 值。

步骤 4：解读结果。如图 4-10 所示，图表中显示了一个公式，例如 $y=2.5476x-4.0476$，这就是线性回归方程。其中，y 表示预测的房价，x 表示房屋面积。R^2 值是回归模型的拟合优度指标，其值越接近 1，说明模型的拟合效果越好。

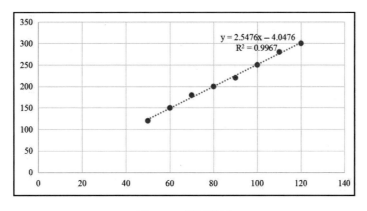

图 4-10 预测结果

步骤 5：使用线性回归方程进行预测。假设要预测面积为 130 m² 的房屋价格。

根据线性回归方程 $y=2.5476x-4.0476$，将 $x=130$ 代入方程。

计算得：$y=2.5476 \times 130-4.0476=327.1404$（万元）。

3. 实施结果

● **线性回归方程**：假设 Excel 输出的线性回归方程为 $y=2.5476x-4.0476$。

● **R² 值**：假设 R^2 值为 0.997，表明模型具有较好的拟合效果。

● **预测结果**：对于面积为 130 m² 的房屋，预测价格为 327.1404 万元。

4. 总结

通过 Excel 的散点图和趋势线功能，可以进行线性回归分析，并利用线性回归方程进行预测。该方法简单直观，适合初学者快速掌握数据分析与预测的基本操作。

4.4.2　聚类

二维数据集（该数据集保存在 Excel 文件中）中记录了 10 座城市的年平均气温和平均年降水量。我们将使用 K 均值算法将这些城市划分为 3 个类别。数据示例见表 4-3。

表 4-3　10 座城市的年平均气温和平均年降水量

城市编号	年平均气温 /℃	平均年降水量 /mm
1	15	800
2	20	1200
3	10	500
4	25	1500
5	18	1000
6	30	2000
7	22	1800
8	12	600
9	28	1600
10	16	900

如图 4-11 所示，在类似 Kimi 的 AI 助手中上传该 Excel 文件，并输入以下提示词。

　　附件中有一个二维数据集，其中记录了 10 座城市的年平均气温和平均年降水量，使用 K 均值算法将这些城市分为 3 个类别，只给出聚类结果。

　　单击 AI 助手的三角形符号，得到的回复如图 4-11 所示。

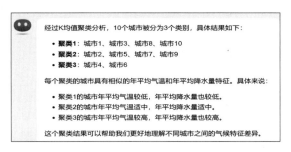

图 4-11　AI 助手的回复

　　通过 AI 助手，我们完成了 K 均值算法分析，最终将 10 座城市划分为 3 个类别。

4.5　【任务总结】

　　本任务通过线性回归进行房价预测和聚类分析，有助于读者初步了解人工智能的基础知识，为后续算法的学习提供基础和技术指导。建议读者多动手实践。

4.6　【评价反思】

1. 学习评价

　　根据学习任务的完成情况，对照表 4-4 中"观察点"列举的内容进行自评或互评，并在对应的表格内打"√"。

表 4-4　学习评价

观察点	完全掌握	基本掌握	尚未掌握
（1）掌握人工智能的定义及其应用场景			
（2）掌握基于规则的人工智能			
（3）深入学习数据驱动的人工智能			
（4）深入理解线性回归和聚类方法，并动手实践			

2. 学习反思

根据学习任务的完成情况，在表 4-5 中，对相关问题进行简要描述。

表 4-5　学习反思情况

回顾与反思	简要描述
（1）知道了什么?	
（2）理解了什么?	
（3）能够做什么?	
（4）完成得怎么样?	
（5）还存在什么问题?	
（6）如何做得更好?	

4.7 【能力训练】

1. 判断题

（1）基于规则的 AI 系统依赖于大量数据进行训练。（　）

（2）深度学习是机器学习的一个子领域，它使用多层神经网络来学习数据中的复杂模式。（　）

（3）在数据驱动的人工智能中，监督学习不需要使用标注的数据进行训练。（　）

（4）神经网络中的每个神经元都接收来自其他神经元的输入，并产生一个输出信号。（　）

（5）卷积神经网络主要用于处理图像数据，因此不能用于处理文本数据。（　）

2. 选择题

（1）以下哪项不是基于规则的 AI 系统的优点?（　）

A. 易于理解和解释

B. 无需大量训练数据

C. 能够处理不确定性和模糊性

D. 开发周期相对较短

（2）处理数据时，以下哪种方法不可以用于处理缺失数据？（　）

　　A. 删除含有缺失值的样本

　　B. 使用均值或中位数填充缺失值

　　C. 使用插值方法填充缺失值

　　D. 使用该列中出现次数最少的数据填充缺失值

（3）在神经网络中，激活函数的作用是什么？（　）

　　A. 增加模型的复杂度

　　B. 引入非线性因素，使网络能够学习复杂的模式

　　C. 减少计算量

　　D. 提高模型的收敛速度

（4）以下哪项是神经网络中常用的激活函数？（　）

　　A. Sigmoid 函数

　　B. ReLU 函数

　　C. Tanh 函数

　　D. 以上全部

（5）以下哪项是 CNN 的特点？（　）

　　A. 局部连接

　　B. 权值共享

　　C. 池化操作

　　D. 以上全部

4.8 【小结】

在本项目中，我们深入探讨了人工智能的基本原理，详细解析了构成这一领域基石的三大核心概念：基于规则的人工智能、数据驱动的人工智能、神经网络与深度学习。通过细致讲解这些内容，我们揭开了人工智能的神秘面纱，将其从一个高高在上的科技概念变得触手可及，并与我们的日常生活紧密相连。随着技术的不断进步，人工智能的应用场景将更加广泛，它与我们的互动也将日益频繁。展望未来，人工智能将成为我们生活中不可或缺的伙伴，帮助我们解决各种问题，共同创造更加美好的生活。

项目 5　揭开 AIGC 的神秘面纱

在本项目中，我们将初步了解 AIGC 和大模型的原理与技术。学习过程中，我们将深入剖析 AIGC 的基础知识，掌握大模型的底层原理，熟悉大模型的三步训练法。同时，结合实际案例与人工智能的发展历程，了解大模型的核心算法，并探讨其应用与发展趋势，展望 AIGC 的未来发展及其可能带来的机遇与挑战。

5.1　探索 AIGC 革命新纪元

AIGC 是当今科技领域最具变革性与潜力的创新之一。它依托强大的人工智能算法，尤其是深度学习模型，能够生成包括文本、图像、音频乃至视频等多种形式的内容。本节将对 AIGC 进行初步探讨。

5.1.1　【任务情景】

随着全球航天技术的迅速发展，各国正加快对月球探索的步伐。为激发公众对航天科学的兴趣，特别是增强青少年对登月任务的关注，某科普机构计划制作一系列关于登月任务的科普资料，涵盖文章、图像和视频等多种形式，多维度展示登月任务的复杂性及其科学价值。该科普机构希望利用 AIGC 高效地生成高质量的科普内容，以满足不同受众的需求，同时提升科普传播的效率与趣味性。

5.1.2　【任务目标】

1. 知识目标

（1）掌握 AIGC 的核心原理，包括机器学习和深度学习在内容自动生成中的应用。

（2）认识 AIGC 在不同领域的应用范围。

（3）理解 AIGC 对现有内容创作模式带来的挑战及其可能引发的变革。

2. 能力目标

（1）能够阐述 AIGC 的定义及其在多个领域中的应用。

（2）能够描述 AIGC 的关键特点。

（3）能够识别并讨论 AIGC 的具体应用实例。

3. 素养目标

（1）创新思维与适应能力：培养对新兴技术的敏感度与适应能力，能够快速理解 AIGC 所带来的创新理念，并将其用于解决实际问题。能够借助 AIGC 激发创意，探索内容创作与应用的新方式。

（2）培养跨学科的思维方式与综合应用能力。能够在不同学科背景下深入探索 AIGC 的应用，增强面对复杂问题时的分析与解决能力。

5.1.3 【新知学习】

1. AIGC 的定义与范畴

AIGC 是指利用人工智能算法和模型，自动生成、编辑或创作各类内容的技术。其生成的内容形式多样，包括但不限于文本、图像、音频和视频，广泛应用于新闻报道、文学创作、艺术设计、音乐制作等多个领域，如图 5-1 所示。AIGC 依托机器学习和深度学习等先进的人工智能技术，实现内容的自动化生成与优化。

AIGC 的出现并非偶然，它是深度学习技术取得突破以及计算机硬件加速等技术进步与内容创作领域变革需求共同推动的结果。从技术发展的视角来看，人工智能经历了从符号主义到连接主义的转变过程。早期的人工智能主要依赖规则和逻辑推理，但在处理复杂问题时显示出其局限性。随着深度学习的兴起，特别是神经网络技术的复兴，人工智能进入了一个全新的发展阶段。深度学习技术的突破，例如反向传播算法的完善和 GPU 硬件加速的进步，使得训练大规模神经网络成为可能。这些技术上的进展为 AIGC 的发展奠定了坚实的基础。

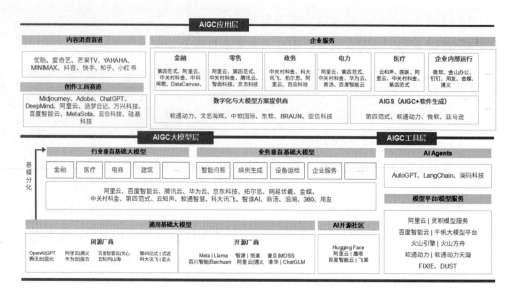

图 5-1　AIGC 应用领域

　　同时，生成式模型的初步探索也为 AIGC 的诞生提供了理论支持。早期的生成式模型主要基于概率统计方法，如隐马尔可夫模型（Hidden Markov Model，HMM）和变分自编码器（Variational Autoencoder，VAE）。尽管这些模型在生成内容的质量与多样性方面存在一定局限，但它们为后续更强大的生成式模型提供了重要的思路和方法。此外，互联网时代数据的爆炸式增长，为 AIGC 的发展提供了丰富的训练素材。海量的文本、图像和音频数据，使机器学习模型能够从中学习复杂的模式与规律，从而生成更加高质量的内容。

　　从市场需求的角度来看，内容创作领域的变革需求是推动 AIGC 发展的重要因素。传统的内容创作方式需要大量的人力和时间投入，效率相对较低且成本较高。随着数字媒体的兴起，市场对内容的需求呈指数级增长，这使得传统的创作手段难以满足如此庞大的需求。AIGC 的出现为内容创作开辟了新的途径，它能够迅速生成高质量的文本、图像、音频及视频内容，极大地提升了创作效率并降低了成本。

　　2. AIGC 的发展历程

　　AIGC 的发展可以分为几个重要阶段。在早期的技术积淀阶段（20 世纪 80 年代至 2010 年），神经网络和深度学习技术逐渐成熟，为后续的人工智能爆发奠定了基础。尽管这一时期生成式模型的研究已经开始，但其应用范围相对有限。

2011 年至 2016 年，AIGC 进入了快速发展阶段。其中，GAN 的提出成为此阶段的重要里程碑。GAN 通过引入生成器和判别器之间的对抗训练机制，实现了高质量图像的生成，这一突破极大地推动了生成式模型的发展。

2016 年 3 月，由 DeepMind 开发的人工智能程序 AlphaGo 在与世界顶级棋手李世石的围棋对决中胜出，这一事件让人工智能技术在全球范围内受到了广泛关注，并进一步激发了对 AI 研究的热情。自 2017 年起，AIGC 进入了爆发阶段。Transformer 架构的出现标志着 AI 进入了大模型时代，它通过自注意力机制高效处理长序列数据，显著提升了模型性能。基于 Transformer 架构的 GPT（Generative Pre-trained Transformer，生成式预训练变换器）系列模型的推出，展示了生成式 AI 的强大能力。特别是像 GPT-3 这样的模型，能够生成高质量的文本内容，在某些任务上拥有接近人类水平的表现。

此外，这一时期多模态生成技术也取得了重要进展，例如 DALL-E 和 Stable Diffusion 等模型可以根据文本描述生成高质量的图像内容，这不仅扩展了 AIGC 的应用范围，也为用户提供了更多元化的创作工具。

在国内，大模型和 AIGC 领域的发展迅速，展现出巨大的潜力与活力。应用范围已经从文本生成扩展到图像、音频和视频生成等多个领域。一些领先的产品如百度的文心大模型、阿里巴巴的通义、字节跳动的豆包、华为的盘古大模型等，在对话、文本生成、多模态交互等方面表现突出，广泛应用于智能办公、旅行服务、电商直播、政务服务和金融服务等领域。

特别值得注意的是成立于 2023 年，总部位于中国杭州的 DeepSeek（深度求索）。以开源生态为核心，DeepSeek 通过动态稀疏化训练技术、多模态统一架构等创新手段不断优化模型性能，降低训练和推理成本。该公司先后发布了 DeepSeek Coder、DeepSeek LLM、DeepSeek-V2、DeepSeek-V3 等多款具有行业影响力的产品，并于 2025 年推出了新一代推理模型 DeepSeek-R1，其性能达到了行业领先水平。如图 5-2 所示，DeepSeek 不仅反超了 ChatGPT，还登顶苹果免费应用下载榜首。

图 5-2　DeepSeek 反超 ChatGPT，登顶苹果免费应用下载榜首

　　总体来看，中国在大模型和 AIGC 领域的发展呈现出蓬勃向上的态势，未来有望在全球人工智能舞台上扮演更为重要的角色。

3. AIGC 的技术特点

　　AIGC 具有多个显著的技术特点。首先，由于其基于深度学习模型，能够从大量数据中学习模式与规律，因此具备强大的内容生成能力，可以生成高质量的内容。AIGC 能够生成包括文本、图像、音频、视频在内的多种形式内容，并在生成结果中体现出一定的逻辑性与连贯性。这一特性使 AIGC 在内容创作领域（如新闻报道、文学创作、广告设计和影视制作等）展现出广泛的应用前景。

　　其次，AIGC 能够显著提升创作效率并降低人力成本。通过自动化生成内容，AIGC 可以快速响应市场对大量内容的需求，减少对人工创作的依赖。此外，AIGC 还具备一定的创造力和个性化能力。它可以根据用户的具体需求和偏好，生成具有创意和个性化的作品，为内容创作带来新的灵感与思路。

　　最后，AIGC 的一个重要特点是多模态融合。随着技术的进步，AIGC 正朝着多模态方向发展，能够实现文本、图像、音频等多种形式内容的无缝融合。例如，在虚拟现实和增强现实应用中，AIGC 可以生成更加逼真的虚拟场景和角色，为用户提供沉浸式的体验。这种多模态生成能力进一步拓展了 AIGC 的应用可能性，如在智能教育等领域的创新应用。

　　AIGC 虽具广阔应用潜力，但也面临诸多挑战。首先，其生成内容的质量和稳定性有待提升，特别是在处理复杂逻辑与情感表达时表现尚不理想。其次，AIGC 的训练和推理过程依赖大量计算资源，这在一定程度上限制了小型企业及个人开发者的应用与推广。此外，数据隐私与安全问题较为突出，由于模型训练依赖海量数据，其中可能包含用户隐私信息，存在泄露风险。

　　随着 AIGC 的广泛应用，相关的伦理与法律问题也日益凸显，如数据所有权、内容真实性、版权归属等问题，亟须深入研究并制定相应规范。同时，AIGC 的发展还可能引发一系列社会问题，例如就业结构的调整、数字鸿沟的加剧等。因此，有必要加强政策引导与监管机制建设，推动 AIGC 朝着健康、可持续的方向发展。

4. AIGC 的未来展望

　　AIGC 的未来发展既充满机遇，也面临挑战。从技术趋势来看，多模态生成技术将持续深化发展。未来的 AIGC 将更加注重文本、图像、音频等多种形式内容的综合生成，实现更自然、更丰富的交互体验。例如，在虚拟现实和增强现实应用中，AIGC 能够生成更加逼真的虚拟场景和角色，为用户提供更具沉浸感的体验。

　　同时，智能化与个性化服务将成为 AIGC 的重要发展方向。未来，AIGC 将能够根据用户的具体需求和偏好，生成更精准且具有个性化的输出内容。以智能教育为例，AIGC 可根据学生的学习进度与特点，自动生成适配的学习材料和练习题，从而有效提升学习效率和效果。

　　AIGC 的应用领域将持续拓展。除了现有的内容创作、广告营销和影视制作等领域，AIGC 将在医疗健康、金融服务、智能制造等更多行业中得到广泛应用。例如，在医疗领域，AIGC 可用于生成医学影像分析报告、提供辅助诊断建议，从而提升医疗服务的效率与质量。

　　随着行业规模的不断扩大，如图 5-3 所示，近年来 AIGC 的市场规模呈现出迅猛增长的态势。随着技术的逐步成熟，AIGC 的使用门槛也将进一步降低，使更多企业和个人能够便捷地应用 AIGC 工具，并将其融入自身的业务流程与创作实践中。这将进一步加快 AIGC 的普及进程，推动其在各领域的深入应用，助力行业实现创新发展。

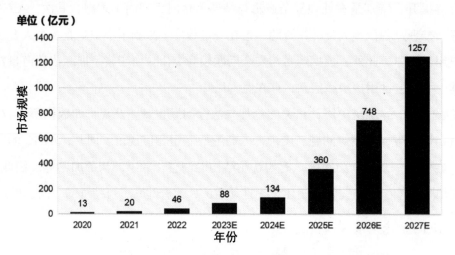

图 5-3　2020—2027 年全球 AIGC 市场的市场规模（含预测）

总而言之，AIGC 作为一种革命性力量，正在深刻改变我们的生活方式和工作模式。其发展历程、技术特征以及未来走向均值得我们深入研究与持续关注。随着技术的不断演进，AIGC 将在更广泛的领域中得到应用，为人类社会的发展带来更多机遇与挑战。

5.1.4　【任务实施】

（1）什么是 AIGC，它可以生成什么内容？

（2）简述 AIGC 的特点。

（3）AIGC 未来发展前景如何？

5.1.5　【任务总结】

本任务全面、深入地探讨了 AIGC，从其定义和核心原理出发，详细阐述了其在多个领域的广泛应用、关键特性、对社会和产业的重要影响以及未来发展趋势。通过学习，我们对该技术形成了系统的认识，为进一步研究与应用奠定了坚实基础。在实际操作中，应充分发挥 AIGC 的优势，同时积极应对所带来的挑战，确保其在合法、合规及符合道德的框架内健康发展，从而为社会进步与产业升级提供有力支持。

5.1.6 【评价反思】

1. 学习评价

根据学习任务的完成情况，对照表 5-1 中"观察点"列举的内容进行自评或互评，并在对应的表格内打"√"。

表 5-1　学习评价

观察点	完全掌握	基本掌握	尚未掌握
（1）掌握 AIGC 的定义与核心原理			
（2）了解 AIGC 在不同领域的应用情况			
（3）理解 AIGC 的关键特征			
（4）了解 AIGC 的影响范围与未来发展趋势			

2. 学习反思

根据学习任务的完成情况，在表 5-2 中，对相关问题进行简要描述。

表 5-2　学习反思情况

回顾与反思	简要描述
（1）知道了什么？	
（2）理解了什么？	
（3）能够做什么？	
（4）完成得怎么样？	
（5）还存在什么问题？	
（6）如何做得更好？	

5.1.7 【能力训练】

1. 判断题

（1）AIGC 能够自动执行内容创作的各个阶段，从而减少人工干预的需求。
（　）

（2）AIGC 仅限于生成文本内容，无法应用于图像、音频或视频等内容的创作。（　）

（3）AIGC 的核心在于模仿人类的创造力和表达能力。（　）

（4）AIGC 无法根据用户的反馈和互动实时调整内容。（　）

（5）AIGC 在教育领域的应用可以生成定制化的学习材料和练习题。（　）

2. 选择题

（1）AIGC 指的是什么？（　）

　　A. 人工智能应用的统称

　　B. 人工智能辅助的决策系统

　　C. 人工智能生成内容

　　D. 人工智能优化的用户界面

（2）AIGC 的核心在于模仿什么？（　）

　　A. 人类的数据处理能力

　　B. 人类的分析能力

　　C. 人类的创造力和表达能力

　　D. 人类的学习能力

（3）AIGC 的特点不包括以下哪一项？（　）

　　A. 自动化程度高

　　B. 创新能力强

　　C. 单一模态生成

　　D. 实时交互与个性化

（4）AIGC 在新闻领域的应用主要体现在哪些方面？（　）

　　A. 人工撰写新闻稿件

　　B. 自动化新闻写作

　　C. 新闻稿件的手工编辑

　　D. 新闻报道的现场直播

（5）AIGC 在图像与视觉艺术中的应用不包括以下哪一项？（　）

　　A. 艺术创作

　　B. 图像编辑与增强

　　C. 虚拟现实内容生成

D. 餐饮服务设计

（6）AIGC 在音频与音乐创作中的应用不包括以下哪一项？（　　）

    A. 音乐编曲

    B. 声效设计

    C. 语音合成

    D. 现场音乐会组织

（7）AIGC 在视频内容制作中的应用不包括以下哪一项？（　　）

    A. 短片与电影制作

    B. 动画与特效

    C. 视频编辑与增强

    D. 视频内容的现场拍摄

（8）AIGC 在个性化内容定制方面的应用主要体现在哪个方面？（　　）

    A. 根据用户的历史行为和偏好推荐内容

    B. 完全取代人工创作

    C. 仅提供标准化内容

    D. 限制内容的多样性

（9）AIGC 在教育领域的应用可以提供什么？（　　）

    A. 标准化的教学材料

    B. 定制化的学习材料和练习题

    C. 仅限于高等教育使用

    D. 减轻学生的学习负担

（10）AIGC 对内容创作行业的影响不包括以下哪一项？（　　）

    A. 提升生产效率

    B. 降低内容创作的质量

    C. 促进创新和多样性

    D. 改变现有的内容创作模式

5.2　知晓大模型核心算法

大模型是基于深度学习技术构建的生成式人工智能模型，能够生成文本、图像等多种形式的内容。其训练过程通常分为 3 步：首先是预训练阶段，此阶段利用海量无监督数据让模型学习通用的语言结构或数据模式；其次为监督微调阶段，通过使用标注数据对模型进行针对性优化；最后是反馈对齐阶段，借助强化学习方法和奖励模型进一步调整模型输出，使其更加符合人类的偏好。本节将对这些内容进行介绍。

5.2.1　【任务情景】

作为一名软件工程师，小轩正在参与一个关于大模型的项目。他的任务是为团队撰写一份简要报告，介绍大模型的核心概念及其三步训练法，帮助团队成员快速了解其原理和应用场景。报告需涵盖以下内容。

● **大模型的定义**：解释什么是大模型，以及它在人工智能领域的应用范围。

● **三步训练法的流程**：详细介绍预训练、监督微调和反馈对齐 3 个阶段的目标与方法。

● **实际应用场景**：结合一个具体的应用场景（如智能客服、内容创作或图像生成），说明大模型如何通过三步训练法实现功能优化。

报告的目的是帮助团队成员在后续的项目开发中更好地理解和应用 AIGC。

5.2.2　【任务目标】

1. 知识目标

（1）理解大模型的核心概念：掌握大模型的定义、特点及其应用范围。

（2）熟悉三步训练法的流程和原理：了解预训练、监督微调及反馈对齐 3 个阶段的具体方法、目标，以及该训练法在模型训练中的作用。

（3）了解大模型的实际应用场景：通过案例理解大模型如何在实际应用中发挥作用，并通过三步训练法优化模型性能。

2. 能力目标

（1）信息整合与表达能力：能够系统总结大模型的复杂概念和训练方法，并以清晰、简洁的方式撰写报告或进行口头讲解，帮助他人快速理解相关内容。

（2）技术应用能力：通过研究大模型的训练方法，具备在实际项目中应用该技术的能力，包括选择合适的训练阶段和优化策略。

（3）问题分析与解决能力：能够分析大模型在实际应用中可能遇到的问题，并结合三步训练法提出有效的解决方案，以提升模型性能。

3. 素养目标

（1）专业素养：增强对大模型核心技术的理解，提升对人工智能领域前沿技术的认知水平，具备持续学习和深入掌握相关知识的能力。

（2）实践素养：培养将理论知识应用于实际项目的意识与能力，能够在项目中科学分析模型需求，并结合三步训练法进行技术实现与优化。

（3）沟通与协作素养：在撰写技术文档和知识传播过程中，增强跨专业沟通与协作能力，促进团队内部的知识共享与共同进步。

5.2.3 【新知学习】

1. 了解大模型

与 AIGC 密切相关的一个重要概念是大模型，它通常是指参数数量从数百万到数十亿甚至更多的神经网络模型。大模型通过海量的语料或图像进行知识压缩与学习，从而生成具有大规模参数的模型。随着人工智能技术的快速发展，AIGC 与大模型已成为众多应用领域的重要支撑力量。

GPT 是一种生成式模型，具备生成高质量文本的能力。由 OpenAI 开发的 ChatGPT 是一种技术驱动型的自然语言处理工具。除了能作为聊天机器人使用以外，ChatGPT 还能用于撰写邮件、编写视频脚本及文案、进行翻译、编写代码等多种任务，其应用范围极其广泛，能够满足不同领域的需求。

此外，当前的 AIGC 通过采用深度学习技术，并利用大规模数据训练生成式模型，不仅能够用于文本处理，还可以根据用户的文本描述或其他指令生成高质量的图像、视频等创意内容，这进一步扩展了人工智能的应用边界。

2. 训练步骤一：预训练

Transformer（见图 5-4）自 2017 年由谷歌首次提出。它的出现在自然语言处理领域具有里程碑式的意义。在预训练阶段，大模型通过大规模文本数据进行无监督学习，目标是学习语言的内在规律及知识表示。

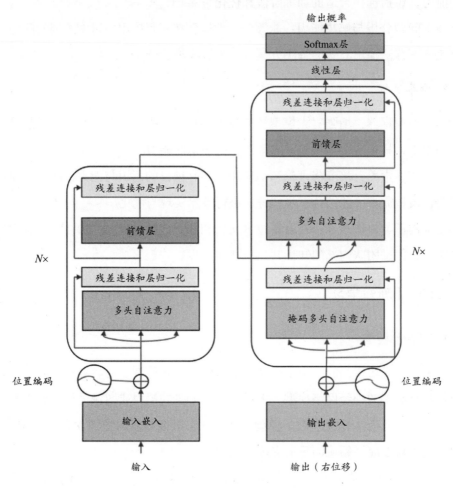

图 5-4　Transformer 的结构

此外，Transformer 模型的并行计算特性使得在现代硬件（如 GPU 和 TPU）上进行高效训练成为可能。这种并行化能力显著加速了训练过程，并使训练包含数千亿参数的超大规模模型成为现实。基于 Transformer 的预训练不仅是 GPT 三步训练法的第一步，更是整个大模型成功的关键基石。它通过利用大规模数据集和高效的架构设计，使模型能够自动从数据中学习深层次的语言规律，为后续的监督微调及人类反馈驱动的强化学习奠定坚实基础。

接下来，我们将介绍 Transformer 的核心技术。

1）自注意力机制

自注意力机制（Self-Attention Mechanism）是 Transformer 模型的关键创新之一。它使模型在处理序列数据（如句子）时，能够同时关注序列中的所有位置，从而有效捕捉长距离依赖关系——序列中相隔较远元素之间的关联。这种能力在传统的循环神经网络（Recurrent Neural Network，RNN）或长短期记忆网络（Long Short-Term Memory，LSTM）中难以实现。

不妨想象这样一个场景：当你阅读一段复杂的文字时，某些词语的含义往往需要结合上下文中相距较远的内容才能准确理解。例如，在句子"尽管他昨天生病了，但他今天仍然来上班了"中，"尽管"和"但"是两个关键的转折词。虽然它们之间隔了几个词，但二者之间的关联对于理解整个句子至关重要。

而在传统的循环神经网络或长短期记忆网络中，由于模型是按顺序逐词处理的，信息在传递过程中往往会因"距离"过远而逐渐衰减，模型难以准确捕捉这种长距离依赖关系。

自注意力机制的出现有效解决了这一问题。其工作原理可以类比于一场会议中的理解过程：当你听到某位发言者说出一句重要的话时，你的大脑并不会孤立地理解那句话，而是会迅速回顾之前每位发言者所说的内容，并根据每句话的重要性，动态地赋予不同的"注意力权重"。

同样地，在处理句子时，自注意力机制会让每个单词与其他所有单词建立关联，计算它们之间的相关性，并据此为每个单词分配相应的权重。这样一来，即便是序列中相隔较远的词语，它们之间的联系也能被清晰地捕捉到。

更神奇的是，这种机制不仅能捕捉长距离的依赖关系，还能有效处理复杂的上下文含义。例如，"苹果"这个词在不同的句子中可能指水果，也可能指科技公司。如果句子中出现了"乔布斯"这一词语，自注意力机制便会迅速调整注意力，将"苹果"与"乔布斯"建立关联，从而准确判断此处指的是苹果公司，而非水果。

自注意力机制不仅使 Transformer 能够高效地理解和处理序列数据，还显著增强了模型在捕捉长距离依赖关系和复杂语义方面的能力。

2）多头注意力

多头注意力（Multi-Head Attention）是 Transformer 中的一项巧妙设计，用于进一步增强自注意力机制的表现能力。通过将自注意力层划分为多个"头"，模型可以在不同的表示子空间中并行学习输入数据的多个特征部分。这不仅增强了模型对信息的捕捉能力，也增强了其处理复杂任务的灵活性和表达能力。

这就像在一支侦察小队中，安排多名特工分别从不同角度观察同一目标，之后将各自获取的情报进行汇总，从而获得更全面、更细致的整体信息。多头注意力机制的核心思想就是在自注意力的基础上，进一步增强模型对信息的捕捉能力，使其能够同时从多个维度理解数据中的细微差异与潜在关联。

在具体操作中，Transformer 会将输入数据划分为多个部分，并分别交由多个独立的"注意力头"进行处理。每个注意力头在其对应的子空间中独立学习输入数据的不同特征。例如，在处理一句话时，一个注意力头可能专注于词语间的语法关系，另一个可能关注词汇的语义联系，还有一个可能捕捉更远距离的依赖关系。这些注意力头就像是多名小型侦察员，从不同角度对同一句话进行观察与分析，从而实现更全面的理解。

更巧妙的是，这些注意力头并非各自独立运作，最终它们会将各自捕捉到的信息进行整合，形成一个更加全面而精准的整体理解。这种"多头协作"的机制，使 Transformer 既能关注局部细节，又能把握全局结构。这就好比你在欣赏一幅画作时，既能注意到一朵花瓣的细腻纹理，又能整体感知画面的构图与色调。

多头注意力的优势还体现在其对复杂任务的灵活应对能力上。不同的任务往往有不同的关注重点，例如情感分析更侧重于语义层面的细微差异，而机器翻译则更依赖词语之间的结构关系。借助多头注意力机制，模型可以根据具体任务需求，灵活调整各个注意力头的关注方向，使整体模型在面对多样化任务时更具适应性和表现力。

这一机制不仅拓展了 Transformer 对信息的感知广度，也使模型能够更加细致而全面地理解数据中的各个细节。这种设计不仅赋予了 Transformer 强大的语言处理能力，还使其具备多角度分析的思维方式。例如，DeepSeek 正是通过多头注意力机制并行处理多元信息，从而显著提升了模型的整体性能。

3）位置编码

位置编码（Positional Encoding）是 Transformer 中的一项关键设计，旨在弥补该架构在处理序列数据时的固有缺陷。如前面的内容所述，与传统的循环神经网络或长短期记忆网络不同，Transformer 完全依赖自注意力机制来捕捉序列中各元素之间的关系，因此其模型架构中不包含循环结构或对时间顺序的感知机制。这种缺乏显式顺序信息的特点，使得 Transformer 在处理自然语言任务时难以直接识别词语或标记之间的前后关系。因此，引入位置编码成为一种必要的解决方式。

位置编码的核心目标是为序列中的每个位置引入明确的位置信息，使 Transformer 能够识别不同元素的相对或绝对位置。这种编码不仅有助于模型理解词语之间的先后顺序，还能在注意力机制中保留时序特征，确保模型在捕捉长距离依赖关系时不会丢失位置信息。

在实际实现中，位置编码通常被设计为向量形式，并与输入嵌入（Embedding）相加或拼接，以形成最终的输入表示。常见的方式包括基于正弦和余弦函数的固定位置编码以及可学习的位置编码。基于正弦和余弦函数的位置编码具有明确的数学结构，能够保证不同位置的唯一性，同时具备一定的可扩展性，使模型能够适应比训练时更长的序列。而可学习的位置编码则允许模型在训练过程中自动学习更适合任务需求的位置表示，提升其对不同任务的适应能力。

在 Transformer 的原始实现中，位置编码的数学公式基于正弦和余弦函数，以确保不同位置的编码向量在高维空间中具有唯一性，并能够良好地保留相对位置信息。这种设计使 Transformer 在不依赖循环结构的情况下，仍能高效建模序列数据的时序依赖关系。

总之，位置编码作为 Transformer 中不可或缺的组成部分，有效弥补了自注意力机制在处理序列顺序信息方面的不足。无论是固定位置编码还是可学习的位置编码，其核心目标均是确保模型在处理序列数据时，能够准确感知并利用元素的顺序信息，从而在自然语言处理、语音识别、机器翻译等任务中展现出优异的性能与泛化能力。

4）层归一化和残差连接

为加快训练过程并提升模型的稳定性，Transformer 在每个子层的输出上应用了层归一化（Layer Normalization），同时在每个子层的输入中加入了残差连接

（Residual Connection）。这些技术手段有助于缓解梯度消失问题，使模型能够更有效地训练深层网络。

层归一化的核心思想是对神经网络中每个样本的特征维度进行归一化，以保持神经元输出分布的稳定性，从而避免因不同层之间分布差异对训练过程造成影响。在传统深度学习模型中，批量归一化（Batch Normalization）是一种常用的归一化方法，它依赖于在小批量样本上计算均值和方差。然而，在序列建模任务中，尤其是在 Transformer 中，这种方法存在一定的局限性：一方面，不同序列的长度可能不一致；另一方面，在自注意力机制下，每个位置的表示是独立计算的。因此，Transformer 采用了层归一化，该方法在每个时间步单独对特征维度进行归一化，有效规避了批量归一化在序列任务中的适用性问题。

通过这种方式，层归一化显著提升了训练的稳定性，使模型能够更好地应对训练过程中可能出现的数值不稳定现象。此外，它还有助于保持神经网络各层输入与输出分布的一致性，减轻了梯度在层间传播时可能出现的剧烈变化。

与层归一化相辅相成的是残差连接，这是一种在深度学习中广泛应用的结构，最早由 ResNet 提出，并在 Transformer 中得到有效应用。残差连接的核心思想是引入一条旁路，将每个子层的输入直接与其输出相加。这种设计确保了即使在网络深度较大的情况下，梯度依然能够高效地反向传播，从而缓解深层网络中常见的梯度消失和梯度爆炸问题。

残差连接不仅有助于提升模型训练的稳定性，还显著加快了模型的收敛速度。这是因为每个子层的输出不再完全依赖于复杂的非线性变换，而是保留了一部分原始输入的信息，从而降低了训练难度。此外，残差连接还有助于网络学习更加鲁棒的特征表示，因为即使某一层的学习效果不理想，原始输入信息仍可通过旁路传递至后续层。

在 Transformer 的实现中，每个子层均结合了层归一化与残差连接的结构。这种设计使得在进行复杂的注意力计算或前馈神经网络运算时，每个子层都能保持数值稳定性，并有效防止信息在深层网络中逐渐衰减。正是由于这一机制，Transformer 在处理大规模数据集和复杂任务时展现出优异的性能，同时保障了训练过程的高效性与稳定性。图 5-5 展示了用于生成式模型的 Transformer 架构。

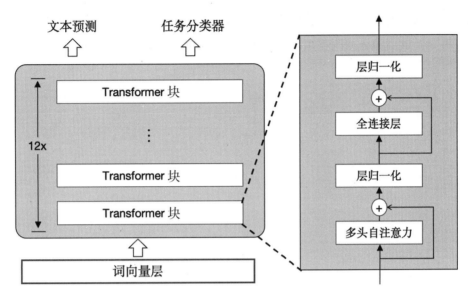

图 5-5　用于生成式模型的 Transformer 架构

3. 训练步骤二：指令微调

大模型的预训练是通过预测字符串序列中的下一个标记进行的。这样训练得到的大模型能够存储大量知识，但可能无法充分运用这些知识来回答问题。例如"广东省的省会是广州"这一信息，当以"广东省的省会是"作为输入时，大模型可以轻松补全"广州"并作为回答。然而，当问题以疑问句形式出现，如"广东省的省会是哪座城市？"时，仅经过预训练的大模型虽然大概率仍能回答这一简单问题，但如果问题内容更加复杂，即便预训练语料中包含答案，模型也可能无法很好地作答。此时，我们需要通过指令微调来挖掘大模型的潜力。

指令微调是指在由指令－输出对组成的数据集上对大模型进行进一步训练的过程。其中，指令代表来自人类的指令，输出则是大模型应产生的期望响应。该过程有助于缩小大模型原本的下一个标记预测目标与用户期望其遵循人类指令的目标之间的差异。

指令微调可以被视为有监督微调（Supervised Fine-Tuning，SFT）的一种特殊形式。然而，两者的目标仍存在差异。SFT 是指使用标注数据对预训练模型进行微调的过程，目的是使模型更好地完成特定任务。而指令微调则是通过在由人类指令和期望输出组成的配对数据集上训练大模型，以提升其能力和可控性。指令微调的特殊之处在于其数据结构，这种结构使其更专注于让模型理解和执行人类指令。

不同领域的指令微调需求存在差异，图5-6总结了大模型指令微调方法。

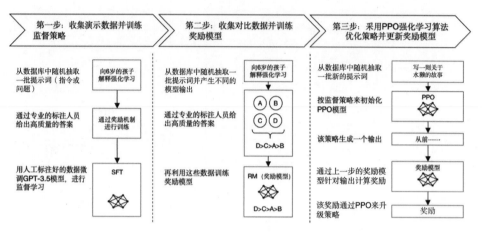

图 5-6　大模型指令微调方法

典型的数据集格式是：{"instruction": "", "input": "", "output": ""}。如果要进一步微调已经经过指令微调的大模型，那么微调数据集的格式应保持不变以获得最佳效果，包括分隔符、代码标签等格式元素。接下来以 ChatGLM 开源大模型为例，其微调格式如下。

Prompt（提示词）："编辑文章，使其更吸引读者。自主机器人是计算机控制的机器，被编程执行特定任务而不需要任何人类输入。自主机器人在各个行业中得到广泛应用，从制造业到医疗保健再到安全。"

Complete（反馈）："自主机器人是计算机控制的机器，被编程执行特定任务而无需任何人类输入，从而实现了新的效率、精确度和可靠性水平。自主机器人正日益广泛地应用于多个行业，从制造业到医疗保健，再到安全领域……"

Prompt（提示词）："政府可以采取哪些策略来减少空气污染？"

Complete（反馈）："1.制定强制性的车辆排放标准，并推出激励性政策，以降低车辆的碳排放。2.增加公共交通工具供给，减少公众对私家车的依赖。3.加强对空气污染影响的宣传，提高公众环保意识，鼓励市民减少污染物排放……"

4.训练步骤三：反馈对齐

基于人类反馈的强化学习（Reinforcement Learning from Human Feedback，RLHF）是一种机器学习技术，它通过引入人类反馈来优化机器学习模型，从而提升其自主学习的能力。强化学习是机器学习的三大类型之一，另外两类为监督学习和无监督学习。该方法通过智能体与环境之间的交互来学习决策策略。智能体执行动作（包括不采取任何行动），这些动作会改变其所处的环境状态，环境则据此进入新的状态，并向智能体提供奖励信号。奖励作为反馈信息，用于指导强化学习智能体调整其行为策略。在训练过程中，智能体会不断优化自身的策略，选择一系列动作以最大化累积奖励。

设计合理的奖励系统是强化学习面临的关键挑战之一。在某些应用场景中，奖励信号可能出现较长时间的延迟。例如，一个用于下国际象棋的强化学习智能体，只有在最终击败对手时才能获得正向奖励，而这一结果可能需要经过数十步棋才得以实现。在这种情况下，智能体在训练初期往往只能进行随机移动，直到偶然发现获胜路径后才能开始有效学习。而在其他一些应用中，奖励甚至无法通过数学或逻辑公式明确表达。

RLHF通过将人类反馈引入奖励函数的设计过程，使机器学习模型能够更好地完成符合人类意图、偏好和需求的任务。该方法目前已广泛应用于生成式人工智能领域，尤其是在大模型的训练与优化中。

如图5-7所示，RLHF的处理流程可分为3个步骤。

第一步：微调模型（可选）。为了使模型具备初步执行目标行为的能力，通常需要构建一个包含输入提示词（指令）和对应期望输出的监督数据集，并据此对模型进行微调。这些提示词与输出内容通常由人类标注员针对特定任务编写，同时兼顾任务的多样性。例如，在InstructGPT中，人类标注员负责撰写提示词（例如，"列出5种重新找回职业热情的方法"），以及完成包括开放域问答、头脑风暴、聊天和文本重写等生成类任务的期望结果。OpenAI在这部分数据收集上投入了大量资金，这也是ChatGPT在同类大模型中表现更为优异的重要原因之一。

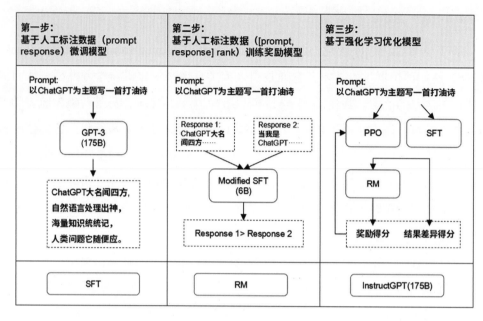

图 5-7   RLHF 的处理步骤

第二步：训练奖励模型（Reward Model，RM）。使用人类反馈数据来训练奖励模型。具体而言，模型以采样提示词（来源于监督数据集或人工生成）作为输入，生成若干输出文本。随后，由人类标注员对这些输入 - 输出对进行偏好标注。标注形式多样，常见方式是对多个生成结果进行排序，以减少标注者之间的主观差异。接下来，利用这些标注数据训练奖励模型，使其能够预测人类偏好的输出。在 InstructGPT 中，人类标注员将模型生成的多个输出按质量从高到低排序，并基于此训练奖励模型以预测该排序。在实际应用中，目前可以使用 GPT-4 模型代替人工进行排序标注，从而有效降低标注成本。

第三步：优化模型。将模型的对齐（即微调）过程形式化为一个强化学习问题。在该框架中，预训练的模型作为策略，以提示词为输入生成输出文本。其动作空间为模型的词表，状态为当前生成的标记序列，而奖励则由奖励模型提供。为了防止模型过度偏离初始版本（即调整前的模型），通常会在奖励函数中加入惩罚项。例如，InstructGPT 使用 PPO（Proximal Policy Optimization，近端策略优化）算法根据奖励模型对模型进行优化。对于每个输入提示词，系统会计算当前模型与初始模型生成结果之间的 KL 散度，并将其作为惩罚项。需要指出的是，第二步和第三步可以多次迭代，以实现对模型更有效的对齐优化。

5.2.4 【任务实施】

本小节将介绍基于 nano-gpt 的具体实践操作。nano-gpt 是一个极简版的 GPT 模型实现，它通常用于教学目的或快速理解 GPT 模型的核心原理。我们将借助该大模型，探索 GPT 模型的基本原理，具体操作过程如下。

1. 访问可视化工具

（1）打开浏览器，输入网址：https://bbycroft.net/llm。

（2）加载完成后，将看到一个 3D 动态展示的界面，页面右侧显示 nano-gpt 的结构，如图 5-8 所示。

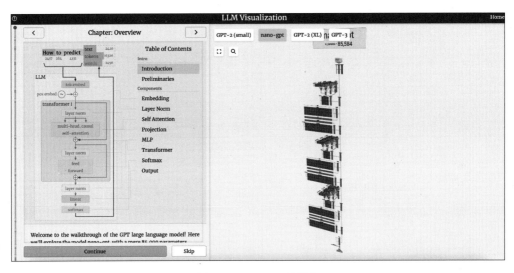

图 5-8　nano-gpt 的结构

2. 探索模型结构

（1）在页面左侧可以看到模型的各个组件，包括输入层、嵌入层、自注意力层等，如图 5-9 所示。

（2）单击某一组件，页面将放大显示该组件的详细结构，帮助你深入了解其组成部分，如图 5-10 所示。

3. 观察模型推理过程

在页面左侧单击任一组件，然后按下空格键，将导航到"推理过程"，再次单击空格键后开始动态演示该组件的运行过程，如图 5-11 所示。

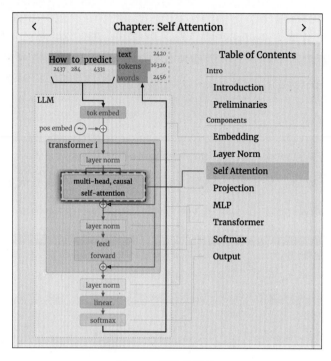

图 5-9　模型的结构

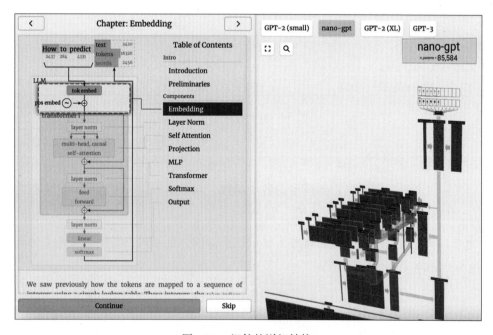

图 5-10　组件的详细结构

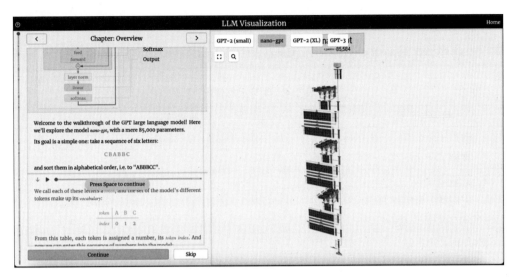

图 5-11　组件的运行过程

在演示过程中，可以随时按下空格键，暂停并查看某一阶段的处理细节。

这里仅展示了 nano-gpt 的主要推理流程，感兴趣的读者可进一步深入学习相关内容。

5.2.5 【任务总结】

本任务有助于读者快速理解大模型的基本原理与训练方法，为后续项目开发提供坚实的理论基础和技术支持，同时，确保读者能够高效地运用大模型技术解决实际问题。

5.2.6 【评价反思】

1. 学习评价

根据学习任务的完成情况，对照表 5-3 中"观察点"列举的内容进行自评或互评，并在对应的表格内打"√"。

表 5-3　学习评价

观察点	完全掌握	基本掌握	尚未掌握
（1）掌握大模型的定义及其应用范围			
（2）了解三步训练法的基本内容			
（3）了解大模型的基本原理			

2. 学习反思

根据学习任务的完成情况，在表 5-4 中，对相关问题进行简要描述。

表 5-4　学习反思情况

回顾与反思	简要描述
（1）知道了什么？	
（2）理解了什么？	
（3）能够做什么？	
（4）完成得怎么样？	
（5）还存在什么问题？	
（6）如何做得更好？	

5.2.7　【能力训练】

1. 判断题

（1）大模型只能用于生成文本内容，不能用于图像或音频生成。（　　）

（2）预训练阶段是大模型训练过程中最重要的一步，因为它决定了模型的最终性能。（　　）

（3）在三步训练法中，监督微调阶段使用的数据必须是标注过的数据。（　　）

（4）反馈对齐阶段的目标是让模型的输出更符合人类的偏好。（　　）

（5）大模型的训练过程不需要大量的计算资源和数据。（　　）

2. 选择题

（1）大模型的核心技术是什么？（　　）

    A. 传统的机器学习算法

    B. 深度学习技术，如 Transformer 架构

    C. 规则引擎

    D. 数据挖掘技术

（2）在大模型的三步训练法中，预训练阶段的主要目的是什么？（　　）

    A. 让模型学习特定任务的细节

    B. 让模型学习通用的语言模式和知识结构

C. 优化模型的输出以符合人类偏好

D. 减少模型的计算成本

（3）监督微调阶段的主要作用是什么？（　　）

A. 提升模型的通用语言能力

B. 使模型适应特定的任务或领域

C. 增加模型的参数数量

D. 减少模型的训练时间

（4）反馈对齐阶段通常使用以下哪种方法来优化模型的输出？（　　）

A. 无监督学习

B. 有监督学习

C. 近端策略优化

D. 聚类分析

（5）大模型在实际应用中的一个重要特点是什么？（　　）

A. 只能处理单一类型的数据（如文本或图像）

B. 可以生成多种类型的内容，包括文本、图像、音频及视频

C. 不需要任何训练数据

D. 无法适应新的任务或领域

第三部分

生成式人工智能的应用

　　生成式人工智能是一种能够自主创造新内容的技术，近年来在多个领域取得了显著进展。其应用已渗透至内容创作、科学研究、商业运营等多个领域。在内容创作方面，生成式人工智能可以根据特定主题或风格生成文章、创作独特的画作，甚至在音乐创作上实现突破；在科学研究领域，生成式人工智能在药物研发和材料科学中发挥重要作用，例如通过分析氨基酸序列和分子表示加速蛋白质结构预测和药物发现的过程；在商业领域，生成式人工智能广泛应用于客户服务、个性化营销及自动化流程等方面，显著提升了效率与优化了用户体验。

　　生成式人工智能不仅在专业领域中发挥着重要作用，在日常生活中也产生了深远影响。在教育领域，生成式人工智能能够为学生提供个性化的学习材料和互动体验，帮助其更高效地学习。例如，生成式人工智能可以生成定制化的练习题和学习计划，满足不同学生的需求。在医疗领域，生成式人工智能通过分析大量医疗数据，辅助医生进行疾病诊断和制定治疗方案。例如，生成式人工智能可生成医学影像分析报告，帮助医生更快、更准确地发现病灶。此外，生成式人工智能也在心理健康支持方面发挥作用，通过聊天机器人提供情感支持和初步咨询。生成式人工智能正在改变我们的工作和生活方式，为社会带来前所未有的机遇与挑战。随着技术的不断发展，生成式人工智能将持续拓展其应用边界，为人类社会带来更多创新与便利。

项目 6　AI 文本生成概述及应用

AI 文本生成是自然语言处理的一个重要分支，其核心在于将输入文本转换为预定目标文本，广泛应用于机器翻译、文本摘要、风格转换等领域。早期，AI 文本生成技术主要依赖基于规则的方法和简单的统计模型，因此其应用场景较为有限。随着深度学习的发展，尤其是 Transformer 架构的出现，AI 文本生成技术实现了重大突破。如今，这一技术已经相当成熟，以 DeepSeek 和 ChatGPT 等为代表的大模型能够生成高质量、连贯且逻辑清晰的文本内容。这些模型被广泛应用于新闻报道、小说创作、代码编写等领域，显著提升了内容创作的效率。未来，AI 文本生成技术将继续得到优化和扩展。在本项目中，我们将介绍 AI 文本生成技术及其应用。

6.1 【任务情景】

作为一名软件工程师，小轩负责开发一个智能客服系统。近期，客户反馈系统在回答问题时语气较为生硬，缺乏人性化。为此，他决定利用 AI 文本生成技术优化对话话术。小轩输入了大量友好的客服对话样本，使系统学习并生成更加自然、温暖的回复模板。例如，当客户咨询产品功能时，系统生成的回答不再是冷冰冰的"该功能可实现……"，而是"亲爱的客户，很高兴为您解答，此功能可以……"。经过测试，客户满意度显著提升，不仅为公司节省了大量人工客服成本，也有效提升了工作效率。

6.2 【任务目标】

1. 知识目标

（1）掌握 AI 文本生成技术的核心原理，包括自然语言处理及生成式模型的应用。

（2）了解 AI 文本生成技术在不同领域的应用场景。

（3）理解 AI 文本生成技术为现有内容创作模式带来的挑战与潜在变革。

2. 能力目标

（1）能够阐述 AI 文本生成技术的定义及其在多个领域中的应用。

（2）能够描述 AI 文本生成技术的关键特点。

（3）能够识别并讨论 AI 文本生成技术的具体应用场景。

3. 素养目标

（1）创新思维与适应能力：培养对新兴技术的敏感度和适应能力，能够快速理解 AI 文本生成技术带来的创新理念，并将其用于解决实际问题。

（2）跨学科融合能力：强调 AI 文本生成技术所涉及的多学科知识（如计算机科学、语言学、艺术设计等）的融合，培养跨学科的思维方式与综合应用能力。

6.3 【新知学习】

在介绍 AI 文本生成技术之前，我们先来了解与提示工程相关的知识。

6.3.1 提示工程简介

提示工程（Prompt Engineering）是指为了更高效地与大模型（如 DeepSeek 等）交互，通过设计和优化输入的提示词（或问题），引导模型输出更准确、更相关且实用内容的过程。它关注如何通过具体、精准的提问或指令，促使模型生成符合预期的结果。具体而言，提示工程可以包括选用特定关键词、构建结构化查询，甚至模拟特定的对话风格或格式，以优化交互效果。尽管大模型能够生成高度拟人化的文本，但如果缺乏有效引导，其输出可能偏离预期。因此，提示工程显得尤为重要——通过提供清晰、具体的指令，可以更精准地引导模型输出，确保其满足实际需求。

大模型基于 Transformer 架构，能高效处理海量数据并生成高质量文本。然而，要充分发挥大模型的潜力，关键在于掌握正确的提示方法。恰当的提示词能帮助用户精准调控模型输出，从而获得相关、准确且高质量的文本内容。因此，在使用大模型时，充分认识其能力边界至关重要。

提示工程是一门融合艺术性与科学性的技术，专注于提示词的设计与优化，以获得更精准、更相关且更具创造性的输出结果。作为人工智能领域的关键技术，它在文本类模型中的应用尤为重要。通过优化提示词策略，可以显著提升模型的表现水平和输出质量。在未来职场中，提示工程能力甚至可能成为影响薪酬的重要因素。

6.3.2 影响提示效果的参数

影响提示效果的参数主要有 temperature 和 top_p，下面将分别进行介绍。

1. temperature

1）定义与作用

temperature（温度）是一个在 0 到 2 之间的参数。temperature 参数用于控制大模型在生成回答时的确定性与随机性。具体而言，当参数值较低时，大模型倾向于生成更确定、更可预测的回答；而当参数值较高时，大模型的输出会更加随机和富有创造性。

2）应用场景

在质量保障任务中，建议设置较低的 temperature 值，以确保回答基于事实且简明扼要。而对于需要创造力的任务（如诗歌创作），适当提高 temperature 值有助于激发大模型的创意潜能。

具体而言，当 temperature 值设置较高（接近或超过 1）时，大模型在选择下一个 token 时，会更倾向于选择概率较低的选项，从而生成更具创新性和多样性的输出。相反，当 temperature 值设置较低（接近 0 但大于 0）时，大模型会优先选择概率较高的选项，进而生成更准确、更稳定的结果。

形象地说，temperature 参数如同一个创意调节器：数值越高，输出越"活跃"，充满可能性与随机性；数值越低，输出越"沉稳"，体现保守性与确定性。

2. top_p

1）定义与作用

top_p 采样（又称核采样）是一种替代 temperature 采样的文本生成策略。在该方法中，大模型会根据具有 top_p 概率质量的 token 集合进行采样。具体来说，大模型首先生成一组候选 token，并从中选择那些累积概率达到或超过参数 p 的 token，然后从中随机选取一个作为输出。例如，当 p 设为 0.9 时，模型会选择一组最可能的 token，使它们的累计概率达到或超过 0.9，然后从这一组中随机选出一个结果。

通过这种方式，top_p 能够在保证概率分布合理性的前提下，提供更广泛的候选范围，从而兼顾生成结果的多样性与准确性。top_p 通常与 temperature 结合使用，共同构成核采样技术，用于控制大模型输出的多样性和真实性。当参数值较低时，大模型倾向于生成更准确、更基于事实的输出；而当参数值较高时，则会生成更多样化、更具创造性的输出。

2）应用场景

在需要高准确性的任务中，例如事实核查、法律文件撰写或学术研究，我们希望大模型生成的文本更加可靠、准确，避免过多歧义和错误。此时，应设置较低的 top_p 值（如 0.1 到 0.5）。对于需要高多样性和探索性的任务，如创意写作、头脑风暴等，则更适合采用较高的 top_p 值。

3. 两个参数的区别

从直观上理解，temperature 更多地控制大模型输出的"冷静度"或"热情度"，即输出的随机性；而 top_p 则更侧重于控制大模型在生成过程中考虑的概率范围，即大模型如何根据累积概率选择合适的 token。

例如，假设你正在打开音乐软件，准备从歌单中选择一首歌进行播放。我们可以用 temperature 和 top_p 参数来类比这一选择过程。

如果你设置的 temperature 值较低（例如 0.2），这就像是你在歌单中选择那些最熟悉、最受欢迎的歌曲。由于 temperature 值较低，输出更加确定、聚焦。相反，如果你将 temperature 值设置得较高（例如 0.8），那就相当于你在歌单中选择了某些不那么常见甚至有些冷门的歌曲。因为较高的 temperature 会增加输出的随机性和多样性。

当你使用 top_p 参数来挑选歌曲时，如果设置的 top_p 值较低（例如 0.1），意味着你只在那些最受欢迎的、概率最高的前 10% 歌曲中进行选择。这样的结果更具确定性，因为你基本是在选择大家普遍喜欢的热门歌曲。相反，如果你将 top_p 值设置得较高（例如 0.9），你就拥有更大的选择范围，包括一些热度较低但仍具有一定播放可能性的歌曲。

通过这个类比可以看出，temperature 和 top_p 都在一定程度上影响着大模型的输出结果——temperature 主要影响输出的随机性，而 top_p 则主要影响输出的确定性。但它们的作用机制有所不同：temperature 侧重于控制大模型输出的"随机程度"，而 top_p 则是在给定的概率分布中设定一个选择"阈值"。通过调节这两个参数，我们可以在大模型的确定性与创造性之间找到适合具体应用场景的平衡点。

这两个参数在具体应用中通常需要根据实际需求进行适当调整。如果希望大模型生成的文本更加丰富多样，则可以尝试提高 temperature 的值或增大 top_p 的值；相反，如果更追求输出的准确性与确定性，则可以降低 temperature 的值或减小 top_p 的值。

6.3.3　提示词四要素

提示词包含 4 个要素，简称 ICIO，是以下 4 个要素的缩写：I（Instruction）表示指令，即明确指示大模型需要完成的任务；C（Context）表示上下文，即提供足够的背景信息；I（Input）表示输入，即具体的输入数据或示例；O（Output）表示输出，即期望的结果格式。这些要素是否全部出现，取决于具体任务的需求。下面将对它们分别进行详细说明。

1. 指令

指令是你希望大模型执行什么任务或遵循哪些特定指示的直接表述。清晰、明确的指令有助于大模型准确理解任务要求，从而减少误解或错误输出的可能性。例如，若希望大模型生成一段关于全球变暖的论述，可以使用如下指令："写一篇关于全球变暖影响的简短文章，重点关注近十年的变化。"

以下是以指令为主要元素的提示词示例。

请总结莎士比亚的《罗密欧与朱丽叶》的主要情节。

计算 2021 年第二季度苹果公司的总营收。

将下列法语句子翻译成英语：Bonjour, comment ça va?

列出 5 种有效的时间管理技巧。

创作一段关于太阳系的教育性儿童故事。

2. 上下文

上下文包括为大模型提供的所有额外信息，这些信息有助于大模型更好地理解和处理请求。上下文为大模型提供必要的背景资料，使其能够在更广泛的认知框架内进行响应。例如，在要求大模型讨论某项特定政策的影响时，可以附带提供相关的背景信息，例如："考虑到 2020 年实施的环保政策，分析其对汽车行业的长期影响。"

以下是以上下文为主要元素的提示词示例。

鉴于 2022 年的经济衰退，分析电子商务的未来发展趋势。

基于气候变化的现状，探讨可再生能源的重要性。

在数字货币日益普及的背景下，预测银行业的未来变化。

考虑到人工智能的快速发展，预判未来十年的就业市场趋势。

3. 输入

输入是用户提供给大模型的具体信息或问题，作为其生成输出的直接基础。准确且相关的输入数据对于获得有效的输出至关重要，尤其是在处理复杂或专业化的任务时。例如，在进行市场趋势分析时，输入可以是特定时间段内的市场销售数据或消费者行为统计数据。

以下是以输入数据为主要元素的提示词示例。

猫坐在墙上——描述这一场景的情感氛围。

数据：股票代码 ××××，价格 1000 元——分析该股票的投资价值。

2020 年全球温度记录——探讨全球变暖的趋势。

用户评论数据集——进行情感分析，并提取主要观点。

图像：两人在公园散步——生成一段描述性故事。

4. 输出

输出是关于期望输出的类型或格式的具体指导。明确的输出要求有助于大模型生成符合预期的结果形式，如详细报告、列表、摘要或图表等。例如，在要求大模型提供信息时，可以指定输出格式，如："列出 5 种提高家庭效能的方法，并以编号列表的形式呈现。"

以下是以输出指示为主要元素的提示词示例。

列举 3 种提升工作效率的方法，以项目符号形式呈现。

撰写一段 100 字的简介，介绍量子计算机的基本概念。

创建一个表格，对比电动汽车与燃油汽车的优缺点。

以问答形式解释光合作用的过程。

制作一份幻灯片，总结 2023 年科技行业的主要趋势。

5. 综合示例

指令：分析最新的市场研究报告。

上下文：考虑到当前全球经济增长放缓的情况。

输入：使用附加的 2023 年第一季度经济数据。

输出：生成一份包含主要发现和建议的详细报告，长度不超过两页。

完整提示词如下。

分析最新的市场研究报告并考虑到当前全球经济增长放缓的情况，使用附加的 2023 年第一季度经济数据，生成一份包含主要发现和建议的详细报告，长度不超过两页。

在设计提示词时，并非这 4 个要素都是必需的，其使用应根据特定的任务和目标来决定。例如，一些简单的查询可能仅需基本的指令和输入，而更为复杂的分析则可能要求详细的上下文及输出。熟练掌握这些要素的使用方法，能够帮助我们设计出更加有效的提示词，进而提升与大模型交互的效果。

6.3.4 提示词设计的通用技巧

提示词是引导大模型生成所需内容的关键。优秀的提示词应明确、具体，避免模糊表达。可以通过分步引导、提供上下文或示例等方式，帮助大模型准确理解任务要求。同时，可对输出的格式、长度或风格进行限定，确保生成结果符合预期。

1. 提示词设计的一般技巧

提示词设计一般需要注意以下几点。

- 从简单的提示词开始。在构建提示词时，可先从简洁的版本入手，再逐步添加更多元素和上下文。

- 确保输入或问题具备以下特征：具体（specificity）、简洁（simplicity）和简明（conciseness）。

- 将复杂任务分解为多个简单的子任务。当面对一个包含多个子任务的复杂任务时，可以将其拆解为更简单的小任务，并在逐步优化中不断提升效果。这样做可以避免在提示词设计初期引入过多复杂性。提示词的设计是一个迭代过程，需要通过大量实验才能找到最优方案，在此过程中对提示词进行版本管理非常重要。

- 还可以使用明确的指令来引导大模型完成指定任务，例如："撰写 / Write""分类 /Classify""总结 /Summarize""翻译 /Translate"等。措辞应准确清晰。在要求大模型执行任务时，应尽量具体。提示词越明确、详细，大模型输出的结果质量就越高。这一点在你希望获得特定风格或格式的输出时尤为重要。

- 没有特定的 token 或关键词能保证更好的输出效果。相较之下，良好的格式和清晰具体的提示词更为关键。要避免模糊不清的表述，通常越具体直接越好。这与高效沟通的原则类似——表达越直接，信息传达越有效。

- 避免指出"不要做什么"，而应指出"要做什么"。这种正向表达有助于实现更具体、细节导向的描述，从而提高大模型响应的质量。

提示词设计的一个通用技巧是：想象你是一位指导大模型的表演老师。如图 6-1 所示，你可以为它提供一个剧本，让它进行角色扮演，进入你设定的角色身份，完成你安排的情境任务，从而得到期望的回答。这样做的优势在于：当大模型进入特定角色后，它能够根据所设定的角色背景，针对你的问题提供更加专业、有针对性且更具细节性的回答。

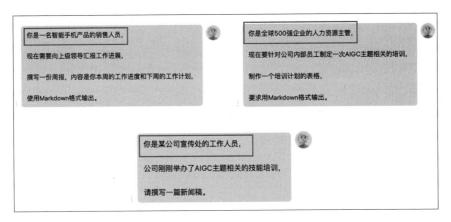

图 6-1　角色设定示例

提示词的质量直接影响生成结果的准确性和相关性。以下是一些常见的"不良提示词"示例以及可能引发的问题，读者应避免类似错误。

- 提示词过于模糊或笼统，例如："给我写一篇关于科技的文章。"这种提示词过于宽泛，大模型无法确定文章的具体方向、主题、受众或风格，可能导致生成内容缺乏针对性或深度。

- 提示词包含矛盾或逻辑混乱，例如："写一篇关于未来科技的文章，但不要提到任何科技产品。"这种矛盾的提示词会让大模型难以理解用户的真实需求，导致生成内容不符合预期。

- 提示词带有误导性或不准确的信息，例如："请解释为什么苹果公司是全球最大的汽车制造商。"这种误导性提示词会导致大模型生成错误或不符合事实的内容，甚至可能传播错误信息。

2. 提示词设计的进阶技巧

大模型高级提示词技巧旨在提高任务执行的精准度与效率。通过结构化设计明确任务目标、角色与步骤；运用思维链提示，分步推理复杂问题；结合示例引导，提供输入输出范例，帮助大模型理解期望结果；同时，保持提示词简洁且逻辑清晰，避免冗余信息造成干扰。接下来展示零样本提示、少样本提示与思维链提示的应用。

1）零样本提示

这里以文本情感分析为例说明零样本提示，如图 6-2 所示。

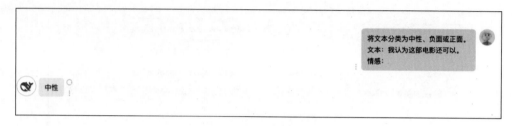

图 6-2　零样本提示示例

未向大模型提供任何示例——这就是零样本提示。

2）少样本提示

尽管零样本提示在较简单的任务上表现出色，但在面对复杂任务时可能表现不佳。少样本提示作为一种技术，通过在提示词中提供演示来启用上下文学习，从而引导大模型实现更好的性能，示例如图 6-3 所示。

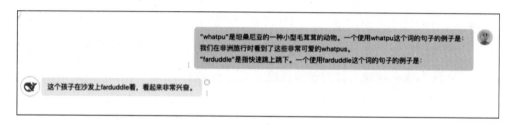

图 6-3　少样本提示示例

可以看到，通过提供一个示例，大模型已经学会了如何执行任务。对于更加复杂的任务，可以尝试增加演示的数量，如图 6-4 所示。

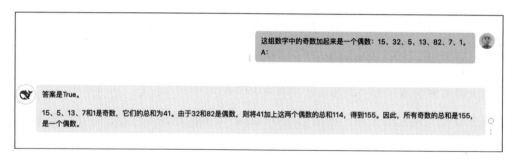

图 6-4　更复杂的任务的示例

让我们计算一下这组数字中的奇数之和。奇数有 15、5、13、7、1，它们的和是：15+5+13+7+1=41。因此，这组数字中的奇数之和是 41，41 是一个奇数，而非偶数。我们可以继续向大模型提问，询问它答案有误。此时，大模型将重新整理推理过程，最后得到正确答案 False。

3）思维链提示

如图 6-5 所示，思维链（Chain of Thought，CoT）提示通过引入中间推理步骤，提升了大模型处理复杂任务的推理能力。该方法可与少样本提示结合使用，以在回答之前对更复杂的任务进行逐步推理。DeepSeek 的思维链通过分步推理处理复杂问题，模仿人类思维过程，从而提高了模型的逻辑性与准确性。

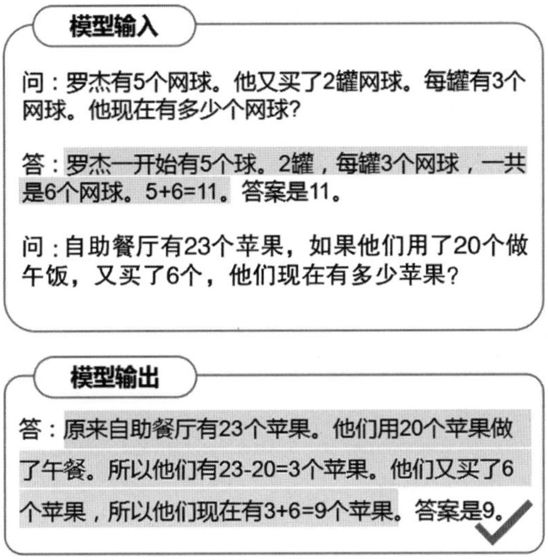

模型输入

问：罗杰有5个网球。他又买了2罐网球。每罐有3个网球。他现在有多少个网球？

答：罗杰一开始有5个球。2罐，每罐3个网球，一共是6个网球。5+6=11。答案是11。

问：自助餐厅有23个苹果，如果他们用了20个做午饭，又买了6个，他们现在有多少苹果？

模型输出

答：原来自助餐厅有23个苹果。他们用20个苹果做了午餐。所以他们有23-20=3个苹果。他们又买了6个苹果，所以他们现在有3+6=9个苹果。答案是9。✔

图 6-5　思维链提示示例

6.4　【任务实施】

本节将通过几个典型任务场景（如职场写作、创意策划、零代码编程、个性化学习安排、职业规划、创新创业）介绍生成式人工智能的应用，读者可根据需要选择相应任务。

6.4.1　职场写作

在职场中，AI 文本生成技术可用于撰写邮件、周报、学习心得、公众号推文、新闻稿、演讲稿等。例如，只需输入简单的提示词，大模型便可快速生成一封专业邮件或一篇详尽的周报。

1. 写邮件

场景：公司拟举办一场关于人工智能与AIGC的主题培训，需通知全体员工参加。

输入以下提示词。

撰写一封面向公司全体员工的邮件，内容为通知参加人工智能与AIGC相关培训。

大模型的回复如图6-6所示。

主题：关于参加人工智能与AIGC培训的通知

亲爱的同事们：

为提升大家对人工智能（AI）与AIGC的理解与应用能力，公司将于**2025年7月5日（星期六）**上午9:00开展全员专项培训。

- **形式：** 线下总部大会议室／线上同步直播
- **内容：** AI基础、行业应用与AIGC实操案例
- **报名：** 请于7月3日前在OA系统中提交参与意向

请大家合理安排时间，尽量参加。如确无法出席，请提前向直属上级请假并报人力资源部。

后续将发布详细议程和学习资料，敬请关注。

让我们共同迎接智能时代的机遇与挑战！

如有疑问，请联系人力资源部（HR@company.com）。

公司管理层

2025年6月30日

图 6-6　写邮件

2. 写周报

场景：公司要求员工每周提交周报。

输入以下提示词。

你是一名资深互联网大厂员工，现需向上级提交周报，请根据互联网行业的工作风格撰写一份周报。

大模型的回复如图6-7所示。

周报

日期：2022年10月3日 - 2022年10月9日

本周工作总结：

1. 完成了项目A的需求评审会议，与产品经理和设计团队密切合作，明确了项目目标和优先事项。
2. 在项目A中担任技术负责人，领导开发团队完成了前端页面的搭建和后端接口的开发，并与测试团队进行了联调，保证了项目的进度和质量。
3. 参加了公司内部的技术分享会，分享了最新的前端开发技术趋势和实践经验，以提升团队的技术水平。
4. 协助同事解决了项目B中遇到的技术难题，通过团队合作成功解决了问题，并及时更新文档和代码库。

下周工作计划：

1. 继续推进项目A的开发工作，根据需求变更做出相应调整，并确保项目按计划交付。
2. 进行项目C的技术预研工作，对相关技术进行调研和评估，为后续项目的顺利开展做好准备。
3. 参与公司内部组织的代码评审会议，提供有建设性意见并分享自己的经验，促进团队合作和代码质量的提升。
4. 学习新技术，并将其应用到实际项目中，以提高个人技能和团队效率。

遇到的问题及解决方案：

1. 在项目A开发过程中，遇到了性能瓶颈的问题。通过对代码进行优化和调整，成功解决了性能问题，并提高了系统的响应速度。
2. 在与测试团队进行联调时，发现了一些接口参数不一致的情况。及时与相关人员沟通，修复了接口参数的问题，确保了系统的正常运行。

其他事项：

1. 参加了公司组织的团建活动，增强了团队的凝聚力和合作精神。
2. 参加了外部的行业会议，了解了最新的互联网趋势和市场动态，为公司的业务发展提供了有价值的参考。

备注：

本周工作进展顺利，团队合作紧密，感谢领导和同事的支持和配合。

注：本周报仅适用于互联网行业，如有需要请根据实际情况进行修改。

图 6-7　写周报

3. 写学习心得

场景：某公司组织开展了社会主义核心价值观学习培训，要求每位员工提交一篇学习心得。

输入以下提示词。

撰写一篇参加社会主义核心价值观学习培训后的心得体会，要求不少于800字。

大模型的回复如图 6-8 所示。

社会主义核心价值观是中华人民共和国的基本价值体系，是中国特色社会主义的重要组成部分，也是引领和推动中国现代化建设的根本价值取向。为了更好地深入学习、理解并贯彻落实社会主义核心价值观，我参加了一次社会主义核心价值观学习培训，以下是我的学习心得体会。

首先，社会主义核心价值观是我们党在新时代意识形态建设中提出来的一个全新的概念，在其中蕴含着丰富的内涵。社会主义核心价值观包括：爱国主义、集体主义、社会主义、改革创新、诚信、友善。这些价值观并不是孤立而存在的，它们相互交织、相互贯通，构成了一个有机的整体。通过深入学习，我认为"爱国主义"是核心价值观的灵魂，"集体主义"是核心价值观的基础，"社会主义"是核心价值观的目标，"改革创新"是核心价值观的力量，"诚信"是核心价值观的保障，"友善"是核心价值观的要义。

其次，社会主义核心价值观是时代发展的产物，具有深刻的现实意义。随着中国改革开放事业的不断推进和社会生产力的不断发展，人们的思想观念也在不断变化。社会主义核心价值观正是以中国特色社会主义为依托，在总结历史经验和借鉴国外先进文化的基础上，形成的新的价值体系。在新时代，社会主义核心价值观更需要成为我们共同信仰，引领全民族向前发展。对于我个人而言，社会主义核心价值观不仅是一种精神追求，更是一种道德约束，是我履行作为公民应尽的责任的内在动力。

最后，社会主义核心价值观的践行需要全社会的参与，需要每一个人从自身做起。作为普通公民，我们可以从日常生活中的点滴小事做起，践行社会主义核心价值观。比如，爱岗敬业、诚实守信、友善相待、勇于创新等等，这些看似微小的行为，都体现了社会主义核心价值观的内涵，也为社会建设作出了贡献。而对于党员干部来说，则应更加积极地践行社会主义核心价值观，把它融入到工作生活中的方方面面，成为一名有理想、有信仰、有担当的新时代好干部。

总之，通过这次学习，我更加深刻地认识到社会主义核心价值观的重要性和现实意义，也更加清晰地知道了如何在日常生活和工作中践行这些价值观。我相信，在全社会的共同努力下，我们一定能够更好地推动中国特色社会主义事业向前发展。

图 6-8　写学习心得

4. 写公众号推文

场景：公司要求撰写一篇针对职场新人的微信公众号推文。

输入以下提示词。

撰写一篇针对职场新人的微信公众号推文。

大模型的回复如图 6-9 所示。

标题：职场新人必看！如何快速融入公司并迅速成长？

正文：

亲爱的小伙伴们，你们好！作为一名即将步入职场的新人，你是否感到有些茫然和不安？不要担心，今天我来给大家分享一些实用的职场经验，帮助大家快速适应公司环境并成为一名出色的员工。

首先，了解公司文化。每个公司都有自己独特的文化和价值观，作为新入职的员工，我们需要尽快地了解公司的文化，了解公司的核心价值观，并且尽快地融入其中。这样才能更好地理解公司的发展战略，更好地与同事合作。

其次，建立良好的人际关系。职场中，人际关系是非常重要的，因为只有和同事建立起良好的关系，才能更好地协作，让工作更加顺畅。在新的公司，我们可以通过参加各种团队建设活动、主动向同事请教问题等方式，尽可能多地认识公司内部的同事，并尽快建立友好的关系。

此外，充分利用公司提供的资源。很多公司会为新员工提供培训和学习机会，如业务培训、技能培训等。我们可以充分利用这些机会，提高自己的专业技能，快速适应公司的工作节奏，并且在工作中迅速成长。

最后，把握机会展示自己。职场中，机会总是留给那些有准备的人。我们需要时刻保持积极心态，善于发现机会，并且抓住机会展示自己。通过不断努力和表现，让领导和同事们对自己有更多的认可，让自己在公司内部得到更多的发展机会。

以上就是我给大家分享的关于如何快速融入公司并迅速成长的经验。希望大家能够从中受益，并且在职场上取得更好的发展！

图 6-9 写公众号推文

5. 写新闻稿

场景：公司近期组织开展了国家安全教育宣讲活动，要求撰写一篇相关新闻稿。

输入以下提示词。

为公司近日开展的国家安全教育宣讲活动撰写一篇新闻稿。

大模型的回复如图 6-10 所示。

公司举办国家安全教育专题宣讲活动，增强员工安全意识

为了深入贯彻落实国家安全教育宣传月的活动要求，近日，我公司在公司会议室成功举办了一场国家安全教育专题宣讲活动。此次活动旨在普及国家安全知识，提高员工安全意识，增强公司整体安全风险防范能力。

本次活动由公司安全保卫部门主办，邀请了公安机关、消防部门等相关单位的专家进行授课演讲，内容包括反恐、火灾防范、网络安全等方面内容。活动中，专家们生动的讲解、形象的案例分析和现场演示，使员工们深刻认识到安全防范意识和行动对公司和个人的重要性。

据悉，此次活动还结合了线上互动交流环节，通过扫描二维码、在线留言等方式，员工可以实时参与问题答疑和分享经验。此外，公司还准备了丰厚的奖品给予活动中表现突出的员工，进一步加强了员工的参与度和主动性。

公司领导表示，此次活动是我公司安全文化建设的重要举措，也是加强员工安全意识和提高整体安全防范能力的有效途径。今后，公司还将持续组织各类安全教育宣传活动，让员工们时刻牢记安全第一，共同为企业安全发展贡献力量。

图 6-10 写新闻稿

6. 写演讲稿

场景：公司主办了华为 ICT（Information and Communications Technology，信息与通信技术）大赛，需在开幕式上发表演讲致辞，时长约 5 分钟。

输入以下提示词。

你是华为 ICT 大赛的主办方代表，现需为比赛开幕式撰写一篇时长约 5 分钟的演讲稿。

大模型的回复如图 6-11 所示。

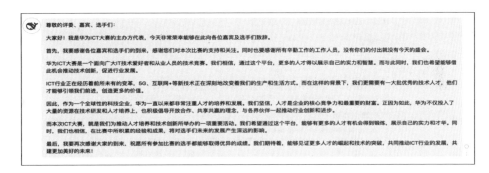

图 6-11　写演讲稿

6.4.2　创意策划

AI 文本生成技术在创意策划中的应用主要体现在生成营销策划方案、社交媒体文案、短视频脚本及广告设计等方面。输入特定提示词后，大型模型能够生成多种创意方案，助力策划人员高效地进行迭代与优化。

例如，输入以下提示词。

制定一个新能源汽车营销活动策划方案，用于新能源汽车 EcoMotive 在大湾区的推广。

大模型生成的策划方案如图 6-12 所示，为策划人员提供了一个结构化的指导，以便快速启动并优化其营销活动计划。

还可以分析并评估这个营销策划方案，并对其进行完善和补充。

输入以下提示词。

分析并评估这个营销策划方案，进行完善和补充。

大模型的回复如图 6-13 所示。

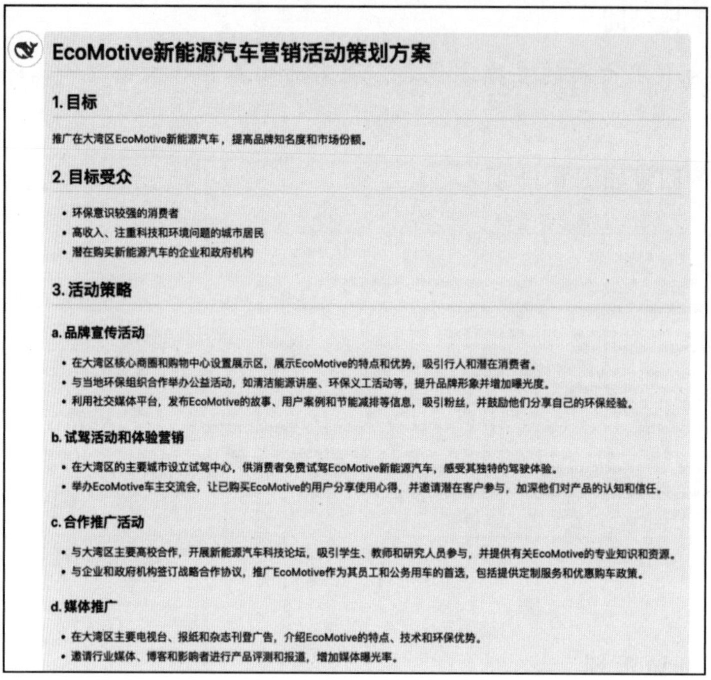

EcoMotive新能源汽车营销活动策划方案

1. 目标

推广在大湾区EcoMotive新能源汽车，提高品牌知名度和市场份额。

2. 目标受众

- 环保意识较强的消费者
- 高收入、注重科技和环境问题的城市居民
- 潜在购买新能源汽车的企业和政府机构

3. 活动策略

a. 品牌宣传活动

- 在大湾区核心商圈和购物中心设置展示区，展示EcoMotive的特点和优势，吸引行人和潜在消费者。
- 与当地环保组织合作举办公益活动，如清洁能源讲座、环保义工活动等，提升品牌形象并增加曝光度。
- 利用社交媒体平台，发布EcoMotive的故事、用户案例和节能减排等信息，吸引粉丝，并鼓励他们分享自己的环保经验。

b. 试驾活动和体验营销

- 在大湾区的主要城市设立试驾中心，供消费者免费试驾EcoMotive新能源汽车，感受其独特的驾驶体验。
- 举办EcoMotive车主交流会，让已购买EcoMotive的用户分享使用心得，并邀请潜在客户参与，加深他们对产品的认知和信任。

c. 合作推广活动

- 与大湾区主要高校合作，开展新能源汽车科技论坛，吸引学生、教师和研究人员参与，并提供有关EcoMotive的专业知识和资源。
- 与企业和政府机构签订战略合作协议，推广EcoMotive作为其员工和公务用车的首选，包括提供定制服务和优惠购车政策。

d. 媒体推广

- 在大湾区主要电视台、报纸和杂志刊登广告，介绍EcoMotive的特点、技术和环保优势。
- 邀请行业媒体、博客和影响者进行产品评测和报道，增加媒体曝光率。

图 6-12　大模型生成的策划方案框架

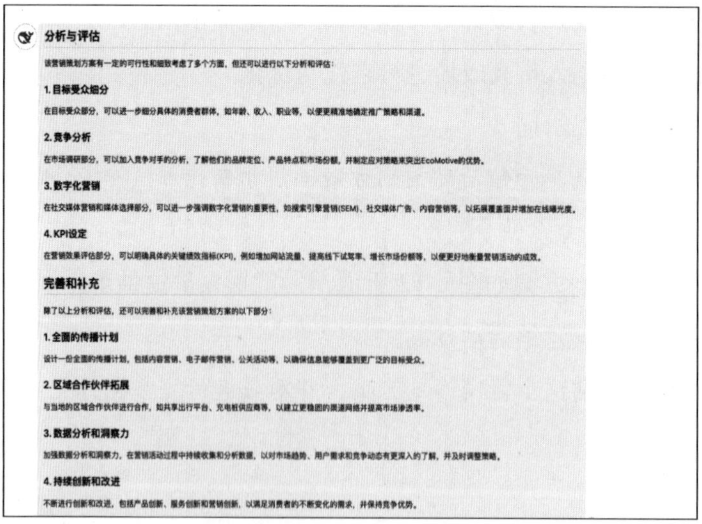

分析与评估

该营销策划方案有一定的可行性和细致考虑了多个方面，但还可以进行以下分析和评估：

1. 目标受众细分

在目标受众部分，可以进一步细分具体的消费者群体，如年龄、收入、职业等，以便更精准地确定推广策略和渠道。

2. 竞争分析

在市场调研部分，可以加入竞争对手的分析，了解他们的品牌定位、产品特点和市场份额，并制定应对策略来突出EcoMotive的优势。

3. 数字化营销

在社交媒体营销和媒体选择部分，可以进一步强调数字化营销的重要性，如搜索引擎营销(SEM)、社交媒体广告、内容营销等，以拓展覆盖面并增加在线曝光度。

4. KPI设定

在营销效果评估部分，可以明确具体的关键绩效指标(KPI)，例如增加网站流量、提高线下试驾率、增长市场份额等，以便更好地衡量营销活动的成效。

完善和补充

除了以上分析和评估，还可以完善和补充该营销策划方案的以下部分：

1. 全面的传播计划

设计一份全面的传播计划，包括内容营销、电子邮件营销、公关活动等，以确保信息能够覆盖到更广泛的目标受众。

2. 区域合作伙伴拓展

与当地的区域合作伙伴进行合作，如共享出行平台、充电桩供应商等，以建立更稳固的渠道网络并提高市场渗透率。

3. 数据分析和洞察力

加强数据分析和洞察力，在营销活动过程中持续收集和分析数据，以对市场趋势、用户需求和竞争动态有更深入的了解，并及时调整策略。

4. 持续创新和改进

不断进行创新和改进，包括产品创新、服务创新和营销创新，以满足消费者的不断变化的需求，并保持竞争优势。

图 6-13　分析并评估营销策划方案

还可以询问一个好的营销策划方案应包含的内容和标准。

输入以下提示词。

一个优秀的营销策划方案需要包含哪些内容？有什么标准？

大模型的回复如图 6-14 所示。

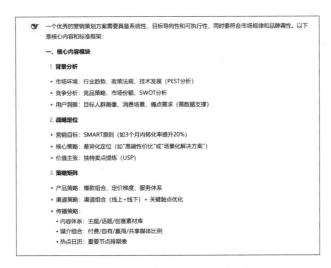

图 6-14　营销策划方案应包含的内容和评估标准

基于大模型的回复，对营销策划方案进行调整。

输入以下提示词。

请按照以上内容和标准，重新制定一个新能源汽车 EcoMotive 营销活动策划方案。

大模型的回复如图 6-15 所示。

图 6-15　更新后的营销策划方案

6.4.3 零代码编程

AI 文本生成技术为非编程人员提供了通过自然语言生成代码、实现零代码编程的可能。例如，输入特定的提示词，大模型能够生成包括网页和小游戏在内的应用程序代码。

输入以下提示词。

用 Python 生成一段快速排序代码。

大模型的回复如图 6-16 所示。

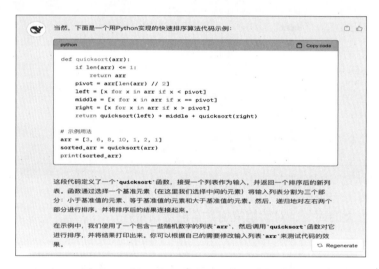

图 6-16　用 Python 生成一段快速排序代码

此外，可以通过提供更详细的指令来为上述每一行 Python 代码添加注释，并将过长的语句转换成更加易读的形式。

6.4.4 个性化学习安排

AI 文本生成技术可用于制订学习计划、检索学习资料、进行语言学习等。通过输入相关提示词，大模型能够生成个性化的学习计划和学习资料，帮助用户提升学习效率。下面通过两个示例进行说明。

1. 制订学习计划

输入以下提示词。

我想在两年内成功转型为人工智能算法工程师，请为我制订一份分阶段的学习计划。

大模型的回复如图 6-17 所示。

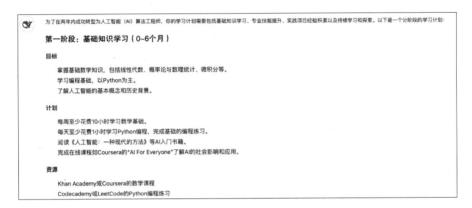

图 6-17 制订学习计划

2. 检索学习资料

输入以下提示词。

我想系统学习人工智能，请为我推荐一些学习资料。

大模型的回复如图 6-18 所示。

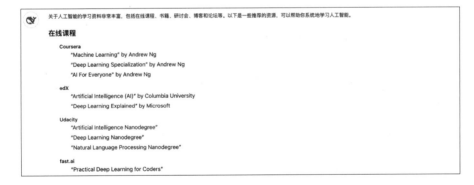

图 6-18 检索学习资料

6.4.5 职业规划

AI 文本生成技术能够协助用户进行职业规划，涵盖自我评估、职业类型选择、目标设定、简历撰写以及模拟面试等方面。例如，通过输入个人背景信息、兴趣爱好及职业目标，大模型可以为用户提供个性化的职业规划建议和简历模板，以帮助用户明确其职业发展方向与路径。

接下来将以大模型生成个性化职业规划建议和简历模板为例进行说明。

输入以下提示词。

我对人工智能领域深感兴趣，喜爱创新驱动的工作环境，并倾向于找到一个能实现生活与工作平衡的职业。我的技能包括 Python 编程，未来希望成为一名资深开发工程师。

大模型的回复如图 6-19 所示。

图 6-19　生成个性化的职业规划

还可以进一步选择职业道路并制订行动计划。

输入以下提示词。

从现在开始，你将成为我们用户的职业顾问。当用户向你介绍他们的技能时，你应该询问并请他们提供更多细节，例如教育背景、工作经历和兴趣爱好。在为他们提供建议之前，深入了解其技能与能力非常重要，以便为其指明最适合的职业方向。

根据他们的技能组合，你应该为用户提供一份他们可能胜任的职位列表。但在这样做之前，明确他们的职业目标与愿望是至关重要的。请询问他们的优先事项，无论是工作满意度、财务稳定还是工作与生活的平衡。

一旦你清楚了他们的目标，就为他们提供与其优先事项相符的职位建议。详细介绍他们应如何追求这些职业路径，制订一份详尽的行动计划，包括所需的教育或培训内容以及时间节点。突出当前需求较高的技能与经验，并为他们获取这些技能提供清晰的路线图。

在提供建议时，始终要考虑工作的稳定性以及预期薪资水平。推荐那些既稳定又具备合理薪酬的工作是非常重要的。

但请注意，不要推荐任何不合适的工作，尤其是那些违背用户信仰、价值观或个人偏好的职位。

在提供建议时，务必保持同理心，因为找工作是一项重要的人生决策，将直接影响用户的幸福感。祝你好运！

大模型的回复如图 6-20 所示。

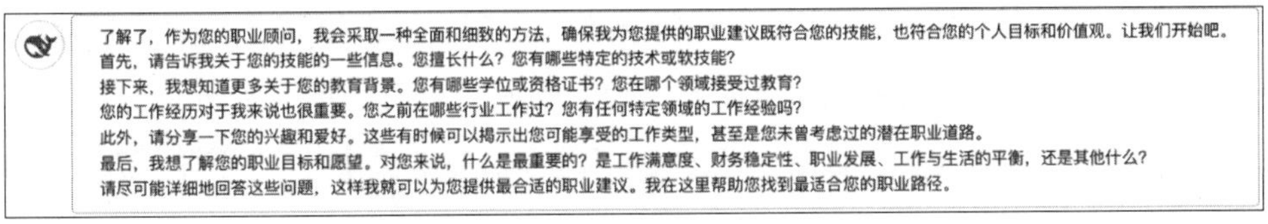

了解了，作为您的职业顾问，我会采取一种全面和细致的方法，确保我为您提供的职业建议既符合您的技能，也符合您的个人目标和价值观。让我们开始吧。
首先，请告诉我关于您的技能的一些信息。您擅长什么？您有哪些特定的技术或软技能？
接下来，我想知道更多关于您的教育背景。您有哪些学位或资格证书？您在哪个领域接受过教育？
您的工作经历对于我来说也很重要。您之前在哪些行业工作？您有任何特定领域的工作经验吗？
此外，请分享一下您的兴趣和爱好。这些有时候可以揭示出您可能享受的工作类型，甚至是您未曾考虑过的潜在职业道路。
最后，我想了解您的职业目标和愿望。对您来说，什么是最重要的？是工作满意度、财务稳定性、职业发展、工作与生活的平衡，还是其他什么？
请尽可能详细地回答这些问题，这样我就可以为您提供最合适的职业建议。我在这里帮助您找到最适合您的职业路径。

图 6-20　生成职业道路与行动计划

还可进一步补充背景信息。

输入以下提示词。

补充背景信息：

技能介绍：我擅长自然语言处理、机器学习、大数据分析等领域。具体技术技能包括 Python 编程、数据挖掘、深度学习框架（如 TensorFlow 和 PyTorch），以及知识图谱的构建与应用。在软技能方面，我具备较强的问题解决能力、逻辑思维能力和快速学习新技术的能力。

教育背景：我毕业于某普通高校计算机专业，获得学士学位。

工作经历：暂无。

兴趣和爱好：广义上，我对编程、软件开发、人工智能以及 AI 应用的开发与实际应用感兴趣。

职业目标和愿望：希望未来能够成为资深软件开发工程师，并有机会参与 AI 相关应用的研发与落地。

大模型的回复如图 6-21 所示。

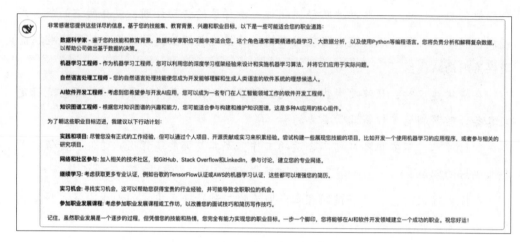

图 6-21 补充背景信息后生成的职业道路与行动计划

AI 文本生成技术在职业规划中发挥着重要作用。它能够快速生成个性化的职业规划建议，帮助用户明确职业方向与路径。同时，可为职场人士高效生成工作文案和报告，提升工作效率。此外，大模型还能分析职业趋势，提供岗位适配建议，助力职业决策，为个人职业发展提供全方位的支持。

6.4.6　创新创业

AI 文本生成技术可以帮助创业者构思创业点子、撰写商业计划书、进行市场分析等工作。通过输入相关提示词，大模型能够生成多个创业点子和详细的商业计划书。

输入以下用于进行 Brainstormer（头脑风暴）的提示词。

跳进 Brainstormer 的创意世界！发掘多维视角的力量，完善你的想法，并与我们的理念代理人共同探索前所未有的角度。将你的创意种子培育成充满吸引力且引人注目的创业构想的繁茂森林。与 Brainstormer 一同拥抱创业的未来。

大模型的回复如图 6-22 所示。

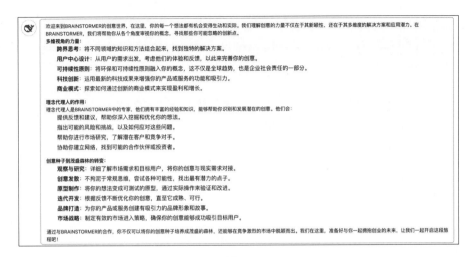

图 6-22　进行 Brainstormer

AI 文本生成技术还可以用于构思创业点子。

输入以下提示词。

给我 5 个创新创业的点子。

大模型的回复如图 6-23 所示。

图 6-23　构思创业点子

还可以针对具体的领域，例如人工智能领域，构思创业点子。

输入以下提示词。

给我 5 个人工智能领域的创业点子。

大模型的回复如图 6-24 所示。

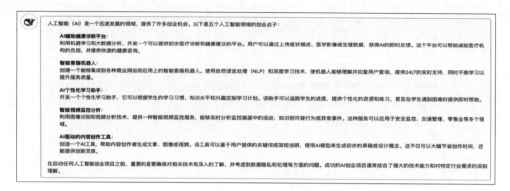

图 6-24　构思人工智能领域的创业点子

6.5 【任务总结】

本项目通过多个任务场景，全面探讨了 AI 文本生成技术，从其定义和核心原理出发，详细阐述了其在多个领域的广泛应用、关键特性、对社会和产业的重要影响。通过学习，我们对 AI 文本生成技术的定义、核心原理、应用场景及未来发展趋势有了系统的认识，为进一步研究和应用该技术奠定了坚实的基础。

6.6 【评价反思】

1. 学习评价

根据学习任务的完成情况，对照表 6-1 中"观察点"列举的内容进行自评或互评，并在对应的表格内打"√"。

表 6-1　学习评价

观察点	完全掌握	基本掌握	尚未掌握
（1）掌握 AI 文本生成技术的定义和核心原理			
（2）了解 AI 文本生成技术在不同领域的应用			
（3）理解 AI 文本生成技术的关键特点			

2. 学习反思

根据学习任务的完成情况，在表 6-2 中，对相关问题进行简要描述。

表 6-2　学习反思情况

回顾与反思	简要描述
（1）知道了什么?	
（2）理解了什么?	
（3）能够做什么?	
（4）完成得怎么样?	
（5）还存在什么问题?	
（6）如何做得更好?	

6.7　【能力训练】

1. 判断题

（1）AI 只能生成文本内容，无法生成图像或音频。（　　）

（2）提示工程的核心在于设计有效的提示词以引导大模型生成高质量的文本。（　　）

（3）AI 文本生成技术在教育领域的应用仅限于生成学习材料，无法提供个性化学习建议。（　　）

（4）在提示工程中，temperature 的值越高，生成的文本越随机和多样化。（　　）

（5）AI 文本生成技术在职场写作中的应用仅限于生成邮件和报告，无法生成复杂的创意内容。（　　）

（6）零代码编程工具可以帮助非编程人员通过自然语言生成代码，实现应用程序的开发。（　　）

（7）AI 文本生成技术在职业规划中的应用仅限于生成简历，无法提供职业建议。（　　）

2. 选择题

（1）AI 文本生成技术的核心在于模仿什么？（　　）

    A. 人类的数据处理能力

    B. 人类的创造力和表达能力

    C. 人类的学习能力

    D. 人类的分析能力

（2）以下哪项不是提示工程的要素？（　　）

    A. 指令

    B. 上下文

    C. 输入数据

    D. 模型参数

（3）在提示工程中，temperature 参数的作用是什么？（　　）

    A. 控制生成文本的长度

    B. 控制生成文本的随机性

    C. 控制生成文本的语法正确性

    D. 控制生成文本的情感倾向

（4）以下哪项是 AI 文本生成技术在职场写作中的应用？（　　）

    A. 生成邮件

    B. 生成代码

    C. 生成图像

    D. 生成音频

（5）在提示工程中，top_p 参数的作用是什么？（　　）

    A. 控制生成文本的长度

    B. 控制生成文本的多样性

    C. 控制生成文本的语法正确性

    D. 控制生成文本的情感倾向

（6）以下哪项是 AI 文本生成技术在创意策划中的应用？（　　）

    A. 生成营销策划方案

B. 生成代码

C. 生成学习计划

D. 生成简历

（7）以下哪项是 AI 文本生成技术在职业规划中的应用？（　　）

A. 生成简历

B. 生成代码

C. 生成图像

D. 生成音频

（8）以下哪项是 AI 文本生成技术在创新创业中的应用？（　　）

A. 生成商业计划书

B. 生成代码

C. 生成学习计划

D. 生成简历

（9）以下哪项是 AI 文本生成技术在个性化学习安排中的应用？（　　）

A. 生成学习计划

B. 生成代码

C. 生成图像

D. 生成音频

（10）以下哪项是 AI 文本生成技术在零代码编程中的应用？（　　）

A. 生成网页代码

B. 生成学习计划

C. 生成图像

D. 生成音频

3. 简答题

（1）请简述提示工程的 4 个要素及其作用。

（2）请举例说明 AI 文本生成技术在职场写作中的应用场景。

（3）请简述 AI 文本生成技术在创意策划中的应用场景。

（4）请简述 AI 文本生成技术在职业规划中的应用场景。

6.8　【小结】

AI 文本生成技术作为一项具有颠覆性的创新技术，正在重塑人类社会的信息生产与知识创造方式。该技术的发展路径、核心机制特征及其未来方向，已成为学术界和产业界重点研究的课题。随着技术体系的持续升级，AI 文本生成技术将渗透至更广泛的应用场景，在为人类文明进步创造新机遇的同时，也将带来相应的技术伦理与社会治理挑战。

项目7 AI图像与视频生成概述及应用

AI图像与视频生成技术展现出迅速发展的态势。过去，这类技术主要应用于简单的图像合成及风格转换，而视频生成则刚刚起步。如今，AI视频生成技术取得了显著的进展，不仅在影视和动画领域得到了广泛应用，还在直播、短视频、广告以及教育等多个领域展现出巨大的潜力。展望未来，AI图像与视频生成技术将持续深化并拓展应用范围。生成的图像与视频将变得更加逼真且多样化，能够支持高分辨率和复杂场景的创作需求。在本项目中，我们将对AI图像与视频生成等相关内容进行深入了解。

7.1 【任务情景】

随着人工智能技术的迅猛发展，AI图像与视频生成在商业设计、艺术创作以及数字内容制作领域展现了巨大的潜力。为帮助企业和创作者更有效地理解和应用这项技术，某创意机构计划制作一系列关于AI图像与视频生成的示例内容。这些示例内容将涵盖商业插画、广告视频、虚拟人物设计以及个性化艺术风格创作等多个应用场景。

该创意机构旨在通过AIGC高效地生成这些示例内容，不仅直观地展现AI在图像与视频生成中的创新性和实用性，同时也为用户提供可供借鉴的实际操作思路。

7.2 【任务目标】

1. 知识目标

（1）掌握AI图像与视频生成技术的基础概念：理解AI生成技术的发展背景，

包括其起源、发展历程、基本原理及其在数字内容创作中所扮演的角色。

（2）熟悉 AI 生成模型的关键技术：了解 GAN（生成对抗网络）、扩散模型等核心算法的工作机制，以及这些算法在图像生成和视频生成领域的具体应用。

（3）认识主流 AI 生成工具及其特点：学习 Midjourney、Stable Diffusion、DALL-E、Sora、Runway、可灵 AI、即梦 AI、智谱清影等工具的功能特性，并理解它们各自的优势及局限性。

2. 能力目标

（1）独立运用 AI 生成工具进行创作：能够熟练使用 AI 工具完成图像创作与视频生成等任务；具备根据不同创作需求调整模型参数的能力，以优化输出质量并满足实际应用场景。

（2）批判性思考与优化能力：能够客观分析 AI 生成内容的优势与不足；针对常见的技术问题（如生成质量不稳定、风格控制不精准等），能够提出切实可行的改进方案。

（3）多模态信息整合能力：能够将 AI 生成的视觉内容与文本描述相结合，提升作品的整体表现力；在实际项目中实现创意表达，例如将 AI 生成插画与宣传视频进行有机结合，打造具有逻辑性和创新性的数字内容。

3. 素养目标

（1）保持对前沿技术的探索精神：养成主动学习 AI 相关技术的习惯，持续关注 AIGC 领域的发展动态；积极了解并尝试新兴工具与平台，不断提升自身对前沿技术的敏感度与应用能力。

（2）增强数字内容创作的适应能力：在多样化的创意场景中，能够灵活调整 AI 生成技术的使用策略；通过实践提升数字内容制作的效率与质量，增强在快速变化的技术环境中的应变与创新能力。

7.3 【新知学习】

7.3.1 AI 图像生成及展示

AI 图像生成，即通过人工智能技术生成图像作品，是利用先进的计算机技术及人工智能算法来创作图像作品的一种创新方式。在科技迅猛发展的今天，AI 图像生成凭借其独特的魅力和强大的功能，逐渐成为艺术领域的新宠。

这项技术主要依赖于深度学习算法，基于大量图像数据进行训练。就像一位勤勉的学生，计算机不断分析和吸收各种图像的特征与风格，从而模仿人类的艺术创作过程。这不是对图像的简单复制，而是深入理解图像的内在结构、色彩搭配以及笔触风格等要素，并在此基础上进行创新。AI 图像生成的核心包括两个方面：一是图像的分析与判断，也就是"学习"阶段，在这个过程中，AI 系统深入分析大量的图像数据，提取出各种特征，建立起对不同图像风格的理解和认知；二是图像的处理与生成，即"输出"阶段，根据用户提供的文字提示以及已掌握的风格知识，创造出全新的图像作品。通过这样的方式，AI 系统能够生成高质量且风格多样的作品，满足不同用户的审美需求。

AI 图像生成的特点显著：它无需用户具备任何绘画技能。普通用户仅需输入文字提示，例如"美丽的风景""可爱的猫咪"或"神秘的城堡"，AI 图像生成工具即可迅速生成具有艺术风格的图像。这种方式极大地降低了艺术创作的门槛，使得普通用户也能轻松参与其中，发挥他们的创造力与想象力。

市面上的 AI 图像生成工具种类繁多，每款都有其特色和优势。以下是一些常用的 AI 图像生成工具及其特点。

- Midjourney：以其强大的功能著称，能够根据用户的描述生成极具想象力的图像，无论是奇幻场景、逼真人物还是抽象艺术作品，它都能轻松应对。生成的作品细节丰富、色彩鲜艳，具有强烈的视觉冲击力。
- DALL-E：由 OpenAI 开发，通过文本描述生成原创且逼真的图像。它以高准确性和创造力而闻名，用户只需用简单的语言描述自己的想法，即可生成令人惊叹的绘画作品。
- Stable Diffusion：以其稳定性和高质量输出受到赞誉，能够生成清晰、细腻的图像，在处理复杂场景和细节方面表现尤为出色。

此外，还有其他一些值得关注的 AI 图像生成工具。

- 可灵 AI（快手推出）：结合 3D 人脸和人体重建技术，能够实现表情和肢体的全驱动。
- 即梦 AI（字节跳动推出）：支持图片和视频生成，适合多种创作需求。

- 智谱清影（智谱 AI 推出）：提供从文字生成视频和从图片生成视频的功能，非常适合新手使用。

如图 7-1 所示，GAN 是一种强大的人工智能模型，由生成器（Generator）和判别器（Discriminator）两部分构成。生成器负责生成尽可能逼真的假样本，而判别器则尝试区分这些假样本与真实样本。通过二者之间的对抗过程，生成器能够不断学习并生成更高质量的图像、音频或其他类型的数据。在训练过程中，生成器和判别器相互博弈：生成器不断提高生成数据的真实性，判别器则不断增强辨别真假的能力。随着训练的推进，两者能力同步提升，最终生成器可以输出高质量的数据。GAN 在图像生成、风格转换、数据增强等领域得到广泛应用。

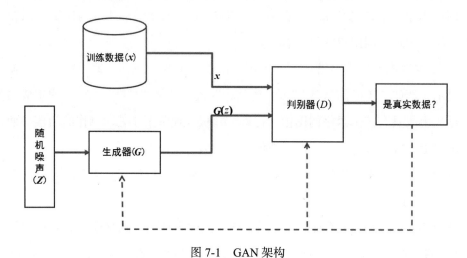

图 7-1　GAN 架构

在 AI 图像生成的发展历程中，2018 年 10 月的《埃德蒙·贝拉米》肖像画是这一领域的一个开创性事件。这幅由 GAN 创作的作品在佳士得以 43 万美元的价格成交（当时 1 美元约合 7 元人民币），象征着 AI 艺术首次在主流艺术市场上取得成功，并促使人们重新思考人工智能在艺术创作中的地位与潜力。这是人工智能技术与艺术创作相结合的重要里程碑。

2022 年 4 月，OpenAI 发布了 DALL-E·2，该系统能够根据文本描述生成原创且逼真的图像，引起了广泛关注，并推动了 AI 图像生成技术的进步，为创作者提供了更多可能性。同年 8 月，一幅使用 Midjourney 制作的《太空歌剧院》在美国科罗拉多州的艺术博览会上赢得了数字艺术类别的冠军,展示了 AI 图像生成的巨大潜力,激发了关于其未来发展的热烈讨论与期待。图 7-2 概述了截至 2022 年 AI 图像生成技术的发展历程。

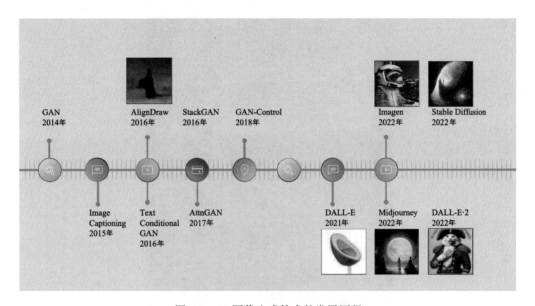

图 7-2　AI 图像生成技术的发展历程

现在,AI 图像生成技术已广泛应用于商业设计和艺术创作领域,如品牌营销插画、科幻小说插图,以及虚拟模特的设计等。通过使用 Midjourney、可灵 AI、即梦 AI 和智谱清影等主流工具,用户能够迅速创作出多种风格的图像,以满足各种创意需求。此类技术不仅为艺术家和设计师提供了高效的创作手段,也促进了图像生成技术的普及与应用。接下来,我们将向大家展示利用 AI 生成的海报、人物肖像,以及定制的艺术风格图像。

在海报设计领域,AI 图像生成技术能够根据设定的主题和需求快速生成多样化的创意海报。例如,某手表品牌利用 AI 图像生成工具设计了宣传海报,该海报能精准地捕捉并传递产品的精髓与品牌的高端形象,以吸引目标客户的注意,如图 7-3 所示。这种高效、灵活的设计方式不仅大幅缩短了制作周期,同时显著提升了宣传效果。

图 7-3　AI 图像工具设计的高端手表海报

　　AI 在人物肖像生成领域表现卓越，广泛应用于从游戏角色设计到品牌宣传等方面。通过分析具体需求，AI 能够生成独具特色的个性化肖像，既精美又细节丰富。例如，一家游戏开发公司利用人工智能技术创作了多个角色肖像，每个角色都展现出了鲜明的个性和丰富的视觉效果，如图 7-4 所示，这为游戏增添了更强的吸引力。同时，一些个人用户也借助 AI 图像生成工具制作出具有艺术感的自定义肖像，用于社交媒体头像或是作为具有纪念意义的作品。

　　在定制艺术风格图像方面，通过选择不同的艺术风格，例如水彩、油画或未来主义，AI 能够将简单的图像转化为独具特色的艺术作品，如图 7-5 所示。一家高端时尚品牌利用人工智能技术定制了一系列融合印象派风格的品牌宣传图像。这些作品不仅强化了品牌的艺术定位，还成功吸引了更多消费者的关注。

图 7-4　利用人工智能技术创作角色肖像

图 7-5　不同艺术风格的图像

　　总的来说，AI 为创作者提供了全新的工具和灵感来源。借助先进的技术与算法，AI 图像生成突破了传统创作的局限，使艺术表现形式更加丰富多样。展望未来，随着技术的持续迭代，AI 图像生成将进一步推动艺术与科技的融合，探索更多创意与应用的可能性。

7.3.2　AI 视频生成及展示

　　AI 视频生成是指通过人工智能技术生成视频作品，是视频创作领域的一项重要创新。借助深度学习和计算机视觉技术，AI 视频生成以其高效、智能和多样化的特点，逐渐成为视频制作行业的新宠。该技术主要依赖深度学习算法，基于大量视频数据进行训练，从而模拟人类在视频创作中的思维与技巧。人工智能在视频生成中的作用，既不是简单拼接已有素材，也不是单纯复制图像，而是通过理解视频中的动态关系、画面结构、动作轨迹、场景转换以及时序特征等元素，实现具有创新性的视频内容生成。

AI视频生成的核心过程可概括为"学习"与"生成"两个阶段。首先，在学习阶段，AI通过对海量视频样本的分析，持续提取视频内容特征，掌握视频的时序逻辑与画面构成，并建立起对视频风格及动态变化的深层理解。随后，在生成阶段，AI结合用户输入的文字描述或其他提示词，基于已有的学习成果，通过GAN或扩散模型等，生成具有完整叙事逻辑和良好视觉效果的全新视频作品。通过这一过程，AI能够以极高的效率产出符合用户需求的视频内容。

AI视频生成的一大特点是门槛极低，即使是没有视频制作经验的普通用户，也能通过简单的文字提示，如"森林中的神秘旅程"或"未来城市的夜景"，生成风格独特且高度个性化的视频。这一技术不仅降低了视频创作的技术门槛，也激发了普通用户的创造力与想象力，为视频创作领域带来了更多可能性。

目前，市面上常见的AI视频生成工具包括Sora、Runway、Pika和Stable Video，如图7-6所示。Sora是一款新兴的视频生成工具，主打用户友好性与高效性，能够快速将文字描述转化为动态视频，适用于短视频制作与内容营销场景；Runway则以其强大的多模态生成功能著称，不仅支持文本到视频的生成，还集成了丰富的视频编辑工具，成为创作者灵活制作复杂视频内容的利器；Pika专注于高质量动画与角色生成，基于其AI驱动的角色表现与场景构建，广泛应用于游戏设计、动画创作等领域；Stable Video是Stable Diffusion在视频生成领域的拓展版本，具备出色的稳定性与细腻的动态生成能力，能够处理复杂场景，并生成高分辨率、高一致性视频。

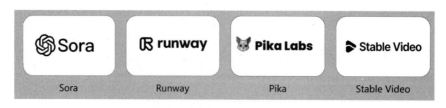

图 7-6　常见 AI 视频生成工具

国内的 AI 视频生成工具也发展迅速，涌现出多个功能强大且免费的平台。例如，可灵 AI 由快手推出，支持长达 2 分钟的高清视频生成，结合 3D 人脸和人体重建技术，能够实现表情与肢体的全驱动；即梦 AI 是字节跳动旗下的工具，支持图片与视频生成，擅长捕捉情感色彩，适用于多种创作需求；智谱清影由智谱 AI 推出，提供文生视频和图生视频功能，可生成 6 秒视频，非常适合新手使用。此外，还有 Vidu 和 PixVerse 等工具，分别提供了简洁的操作界面与多模态输入功能。这些工具为创作者提供了丰富的选择，极大地降低了视频创作的门槛。

AI 视频生成技术的兴起与近年来人工智能发展密切相关。例如，2022 年 Meta 推出的 Make-A-Video 模型实现了文本生成短视频，突破了 AI 在动态内容生成上的技术难点。同年，谷歌发布的 Imagen Video 工具进一步提升了视频生成的分辨率与流畅度，推动了该领域的发展。

如今，AI 视频生成技术已经广泛应用于多个领域。例如，在影视制作中，AI 可以生成复杂的特效场景；在广告营销中，AI 能够快速制作个性化广告视频；在教育领域，AI 可以生成生动的教学视频。这些应用不仅大幅提升了视频制作效率，还激发了创作者的创新潜力。此技术不仅为创作者提供了高效的制作手段，还推动了视频内容创作的革新。接下来，我们将通过几个实际案例，展示 AI 在科幻视频、文化宣传视频以及个人故事视频创作中的应用。

在生成科幻视频方面，人工智能技术为影视创作带来了巨大的创新。如图 7-7 所示，利用 AIGC，网友创作了 AI 版《流浪地球 3》电影预告片，通过图像生成、动态镜头制作和视频剪辑整合，成功呈现了震撼的科幻视觉效果。这一作品不仅赢得了导演郭帆的高度评价，还引起了观众和业内的广泛关注，证明了 AI 在科幻视频创作中的潜力。

对于文化宣传视频的生成，AI 同样能大显身手。如图 7-8 所示，央视文旅利用 AI 制作了一部反映传统与历史的宣传视频。该视频通过精确的图像生成与动态叙事，展示了各地独特的文化魅力和深厚的历史底蕴。这种借助 AI 实现的文化传播，不仅提升了传播效率，也使视频内容更加生动且富有吸引力。

图 7-7 AI 版《流浪地球 3》电影预告片（作者：@ 数字生命卡兹克）

图 7-8 央视文旅宣传片《AI 我中华》

此外，AI 在个人故事视频创作方面同样具有广泛的应用。如图 7-9 所示，一个视频创作平台利用人工智能技术生成了展现一个女孩一生的视频，从婴儿到老年，通过精细的角色建模与场景切换，生动呈现了她的成长历程。这种个性化的创作方式，为用户提供了一种全新的视角来讲述自己的故事，凸显了 AI 在视频创作中的无限可能。

图 7-9　《一分钟看尽女孩的一生》视频截图

总的来说，AI 视频生成技术正在迅速改变视频创作的方式。借助深度学习与计算机视觉，该技术提供了高效且个性化的创作手段，不仅降低了视频制作的技术门槛，也激发了创作者的创新潜力。AI 视频生成技术的应用已广泛覆盖广告、影视、教育等多个领域，帮助创作者快速生成符合需求的内容。随着技术的持续进步，AI 视频生成技术有望成为未来视频制作的主流方式。

7.4　【任务实施】

在现代职场与创意行业中，高效地制作图像与视频内容正逐渐成为提升个人竞争力的关键因素。无论是创意策划还是创新创业的活动宣传，都离不开视觉化内容的支持。AI 图像与视频生成工具的广泛应用，使图像与视频创作变得更加高效与便捷。接下来将结合典型应用场景，通过两个具体任务，深入探讨 AI 图像与视频生成的技术原理与实战方法。

7.4.1　AI 图像生成任务

海报设计是品牌宣传和节日氛围营造的重要环节，而节日海报更需通过色彩、图案与文字的巧妙结合，展现节日独特的文化内涵。文心一格作为一款强大的创意辅助工具，能够快速生成高质量的节日海报，在节省设计时间的同时为作品注入独特创意。本任务以端午节和中秋节为例，展示如何利用文心一格进行节日海报创作，具体操作如下。

步骤 1：设置排版布局和海报风格。

启动文心一格平台，进入"AI 创作"功能区。

进入文心一格的"AI 创作"界面后，单击左侧的"海报"选项卡，如图 7-10 所示。

图 7-10　选择排版布局和海报风格

在这一环节，排版布局适用于封面、头图等图像的制作。文心一格提供了竖版（9：16）与横版（16：9）两种常用比例，用户可以根据需要指定布局以让 AI 生成符合预期效果的图像。在本任务中，我们选择竖版（9：16）及中心布局，并将海报风格设定为平面插画。

步骤 2：输入端午节提示词。

（1）在文心一格的提示词输入框中输入与端午节插画相关的主体元素。这些主体元素是构成海报主题的核心，可以包括以下示例内容。

端午节，龙舟比赛，粽子，喜庆的气氛

（2）为了丰富插画的背景并增加视觉层次感，可以添加一些背景元素。这些背景元素有助于营造氛围和增强画面的故事性，可以包括以下示例内容。

夏天，蓝天白云，青山绿水

最终输入的提示词将结合上述主体和背景元素，共同描述你想要生成的画面，如图 7-11 所示。

图 7-11 输入提示词

（3）完成提示词的输入后，单击"立即生成"按钮提交指令。此时，文心一格会根据你提供的主体和背景提示词进行整合，并利用人工智能技术创作出一张端午节插画海报，如图 7-12 所示。

图 7-12 生成效果

需要注意的是，每次生成时，AI 都会基于相同的提示词自由创作出新的图像作品。这意味着即使是使用相同的提示词，每次得到的结果也可能存在差异，体现了 AI 创作的独特性和多样性。

步骤 3：输入中秋节提示词。

（1）为了创作中秋节插画海报，你可以在文心一格的提示词输入框中输入与中秋节相关的主体元素。这些元素是构成画面核心的关键部分，可以包括以下示例内容。

中秋节，一位穿着中国古装的仙女抱着雪白的兔子，中国风，红灯笼

（2）为了让插画海报更具有中秋节氛围，并丰富画面背景，可以添加一些背景元素。这些元素有助于增强画面的层次感和故事性，可以包括以下示例内容。

秋天，灿烂的烟花，喜庆的气氛，中国传统建筑

最终输入的提示词将结合上述主体和背景元素，共同描述你想要生成的画面，如图 7-13 所示。

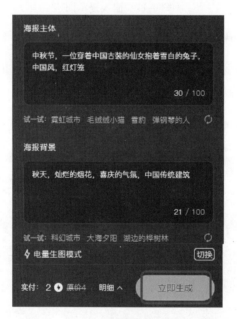

图 7-13　输入提示词

（3）完成提示词的输入后，单击"立即生成"按钮提交指令。此时，文心一格会根据你提供的主体和背景提示词进行整合，并利用人工智能技术创作出一张中秋节插画海报，如图 7-14 所示。

图 7-14 生成效果

7.4.2 AI 视频生成任务

在创新创业或营销活动中，短视频已成为传播品牌理念的重要手段。本任务将基于剪映专业版，从视频项目创建到 AI 数字人形象生成，完整呈现短视频制作的流程与技巧，具体操作如下。

步骤 1：创建一个新的视频项目。

打开剪映专业版，进入主界面，单击"开始创作"按钮，创建一个新的视频项目，如图 7-15 所示。

图 7-15 创建一个新的视频项目

进入创作界面（见图 7-16），该界面主要分为以下部分。

● 菜单栏：位于界面顶部，包含素材、音频、文本、贴纸、特效、转场等菜
单选项。

● 媒体库：位于界面左侧，用于管理导入的媒体文件（如视频、音频、图
片等）。

● 播放器：位于界面中部，可以实时预览编辑效果。

● 时间轴：位于界面底部，用于编辑和排列视频片段。

● 草稿参数：位于界面右侧，显示选中素材的属性，支持进行详细调整。

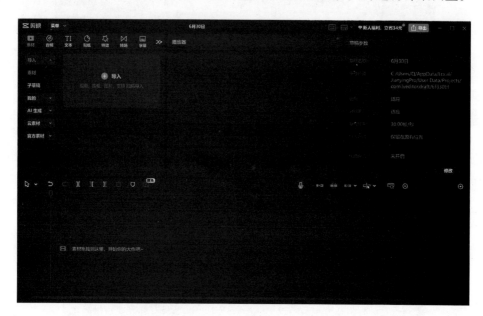

图 7-16　创作界面

步骤 2：添加文本轨道。

在轨道中添加文本的步骤如图 7-17 所示。首先单击"文本"选项卡，然后单
击"默认文本"右下角的"+"按钮，添加文本。添加成功后，轨道区会自动新增
一个名为"默认文本"的文本轨道。

步骤 3：修改"播放器"比例。

鉴于本任务的短视频是为移动端平台设计，需将视频播放器的显示比例调整为
适合移动端的常见比例，即 9∶16，如图 7-18 所示。此比例确保了视频在移动设备
上播放时具有良好的视觉体验，并避免了因比例不匹配导致的黑边问题。

图 7-17　添加文本轨道

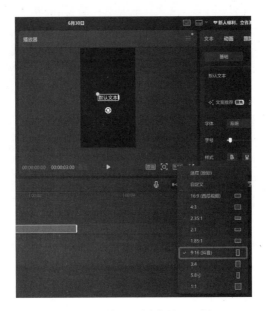

图 7-18　修改"播放器"比例

步骤 4：输入短视频脚本。

首先，单击界面底部时间轴区域的"默认文本"文本轨道，激活文本轨道。然后，单击界面右上角的"文本"选项卡。最后，在文本框中输入由 AI 助手生成的"人工智能笔记本电脑"短视频脚本，如图 7-19 所示。

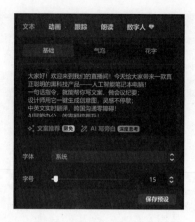

图 7-19　输入短视频脚本

需要注意的是，剪映视频脚本的字数上限为 500 个字符。

在界面中部的播放器预览窗口中，可实时预览编辑效果，如图 7-20 所示。

图 7-20　预览编辑效果

步骤 5：添加 AI 数字人形象。

添加 AI 数字人形象的界面如图 7-21 所示。首先，单击界面右上角的"数字人"选项卡。然后，选择 AI 数字人形象。平台提供了不同性别、国家的 AI 数字人形象，单击某个数字人形象，可在播放器预览窗口中实时预览该 AI 数字人形象效果。选定数字人形象后，单击"下一步"按钮。

图 7-21 添加数字人形象

接下来渲染 AI 数字人形象。请耐心等待，让剪映专业版完成这一过程。这一步骤对于确保数字人形象的质量和细节至关重要，它能保证最终生成的视频效果符合预期。

在 AI 数字人形象渲染期间，请勿关闭剪映专业版，以免导致渲染过程意外中断。渲染过程中断不仅会影响视频的质量，还可能导致渲染任务失败，需要重新进行渲染。

当渲染进度显示为 100% 时，即表示 AI 数字人形象渲染成功完成。此时，可以继续进行后续的编辑或导出工作。

步骤 6：隐藏文本轨道。

接下来，隐藏短视频中的"默认文本"。具体操作为：在图 7-22 中，单击时间轴区域中文本轨道左侧的"眼睛"图标，该图标用于控制轨道的显示或隐藏。

步骤 7：调整 AI 数字人的语音音色。

在此步骤中，需要对 AI 数字人的语音音色进行更换或调整，确保其与视频内容的风格和情感表达需求相符。根据软件提供的选项或工具，选择一个新的音色或调整现有音色的参数，直至达到满意的听觉效果。

具体操作过程如图 7-23 所示。首先，单击时间轴区域的视频轨道，以激活该轨道。然后，单击界面右上角的"换音色"选项卡，并选择一个新的音色，例如

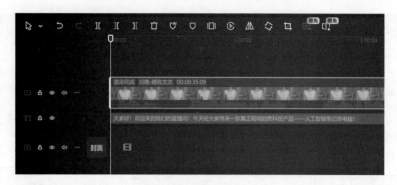

图 7-22　隐藏文本轨道

图 7-23　调整 AI 数字人的语音音色

"解说小帅"。此时，剪映会使用选定的音色生成试读音频。最后，单击"开始朗读"按钮，并等待几分钟，让剪映专业版完成 AI 数字人形象的渲染过程。

在 AI 数字人形象渲染期间，请勿关闭软件。当渲染进度显示为 100% 时，表示 AI 数字人形象已渲染成功。

7.5 【任务总结】

本项目旨在帮助读者深入理解 AI 图像与视频生成技术的原理及应用，掌握 AI 图像生成与视频生成的核心方法，为后续的创意内容制作提供理论支持与实践指导，确保读者能够高效运用 AIGC 提升视觉创作能力，并在实际项目中灵活应用该技术解决相关问题。

7.6 【评价反思】

1.学习评价

根据学习任务的完成情况，对照表 7-1 中"观察点"列举的内容进行自评或互评，并在对应的表格内打"√"。

表 7-1 学习评价

观察点	完全掌握	基本掌握	尚未掌握
（1）掌握 AI 图像与视频生成技术的定义及其应用范围			
（2）了解 AI 图像与视频生成技术的基本原理			
（3）掌握 AI 图像与视频生成技术的基本操作			

2.学习反思

根据学习任务的完成情况，在表 7-2 中，对相关问题进行简要描述。

表 7-2 学习反思情况

回顾与反思	简要描述
（1）知道了什么?	
（2）理解了什么?	
（3）能够做什么?	
（4）完成得怎么样?	
（5）还存在什么问题?	
（6）如何做得更好?	

7.7 【能力训练】

1.判断题

（1）AI 图像生成技术主要依赖于传统的图像处理算法，而不是深度学习技术。（　　）

（2）AI 视频生成技术可以通过文本描述生成完整的视频内容，而无需人工编辑。（　　）

（3）Stable Diffusion 是一种主要用于视频生成的 AI 工具。（　）

（4）AI 生成的视频质量已经完全达到专业电影制作的水准，不再需要人工后期处理。（　）

（5）AI 图像生成工具可以根据用户输入的文本提示，自动生成不同风格的图像。（　）

2. 选择题

（1）目前常见的 AI 视频生成工具不包括以下哪一项？（　）

    A. Runway

    B. Sora

    C. Midjourney

    D. Pika

（2）AI 图像生成的核心技术主要依赖于什么？（　）

    A. 计算机图形学

    B. GAN 和扩散模型

    C. 传统手绘技巧

    D. 规则匹配算法

（3）在 AI 视频生成的过程中，下列哪种方法用于优化模型的生成效果？（　）

    A. 规则引擎

    B. 提示词

    C. GAN

    D. 统计回归

（4）以下哪种 AI 图像生成工具支持中文用户，并具有良好的本地化优化？（　）

    A. Midjourney

    B. Stable Diffusion

    C. DALL-E

    D. 文心一格

（5）AI 视频生成技术在以下哪一领域的应用最为广泛？（　　）

　　A. 个人博客写作

　　B. 影视制作、广告营销和教育

　　C. 传统绘画艺术

　　D. 物理实验仿真

7.8 【小结】

本项目阐述了 AI 图像与视频生成技术的基本原理、核心算法及应用场景。通过回顾 AI 图像生成和 AI 视频生成的发展历程，并结合对 Midjourney、DALL-E、Runway、Sora 等工具的分析，探讨了这些技术在商业设计、影视制作、文化传播等领域的实践价值。学习本项目内容，读者不仅能掌握 AIGC 的关键方法，还能够运用这些技术提升自身的视觉创作能力，为数字创意产业创造新的可能性。随着人工智能技术的不断进步，AIGC 的应用边界将进一步扩展，对数字创意产业产生深远的影响。

项目 8　智能体构建

　　智能体是一种能够感知环境并自主作出决策的系统，具备自主性、交互性和适应性的特点。如今，智能体已在众多领域得到广泛应用，包括智能家居、自动驾驶以及医疗健康等领域。例如，在医疗领域，智能体利用大数据分析辅助医生进行疾病诊断和治疗计划制定。

　　接下来，我们将探讨智能体的工作原理、主要平台，以及如何构建提示词智能体、拥有知识库的智能体和工作流智能体等主题。

8.1　【任务情景】

　　小轩工作繁重，经常需要处理大量的文件和会议安排。他利用智能体，通过语音指令让 AI 助手整理文档、提取关键信息并生成报告。此外，AI 还能自动安排会议日程，提醒参会人员，并在会后整理会议纪要。小轩还借助智能推荐系统来筛选重要邮件，从而节省时间，提升工作效率，轻松应对日常工作任务。

8.2　【任务目标】

　　1. 知识目标

　　（1）掌握智能体的核心原理，包括感知、推理和行动的基本框架，以及智能体在多种应用场景中的功能。

　　（2）理解智能体在各行业中的应用范围，特别是其在自动驾驶、智能客服、医疗健康等领域的实际应用。

　　（3）分析智能体的工作流程、学习方式与适应能力，认识其在提升效率与推动创新方面的潜力。

2. 能力目标

（1）能够准确描述智能体的定义、构成及工作原理。

（2）能够分析智能体在特定领域中的应用情境，并提出合理的解决方案。

（3）能够设计并搭建简单的智能体，涵盖感知、学习与决策等基本模块。

3. 素养目标

（1）创新思维与适应能力：培养对智能体技术的敏锐洞察力，鼓励探索新技术在各领域的创新应用，并通过实际项目锻炼将智能体技术转化为解决实际问题的能力。

（2）跨学科融合能力：强调智能体技术所涉及的多学科知识（如人工智能、控制理论、心理学、伦理学等）的融合，培养跨学科的思维方式，能够在复杂情境下综合运用不同学科知识，构建多功能的智能体。

8.3 【新知学习】

8.3.1 智能体原理

智能体通常被定义为一种能够通过传感器感知环境，并通过执行器采取行动的实体。在大模型中，智能体（AI Agent）是指具备感知、学习、决策和行动能力的系统，能够自主地与外部环境进行交互，以解决复杂问题。智能体不仅限于执行预设规则，还能根据环境变化和自身状态调整决策与行为，展现出较高的自主性。其工作原理依托于多个学科的交叉技术，包括机器学习、深度学习、强化学习、自然语言处理和计算机视觉等。随着技术的发展，智能体正从早期的自动化工具逐步演进为能够与人类自然交互的智能系统。

如图 8-1 所示，在智能体的原理框架中，感知模块是仿生技术最关键的组成部分。智能体通过该模块收集环境数据，例如图像、声音、气候和位置等，并将这些信息转化为机器可理解的形式。以自动驾驶汽车为例，其通过摄像头和雷达等传感器感知周围环境，获取道路状况及障碍物位置。在此基础上，智能体利用推理模块分析当前环境状态，并选择最合适的行动策略。推理过程可依托多种算法实现，如贝叶斯网络、决策树和深度神经网络等，从而帮助智能体作出精准决策。

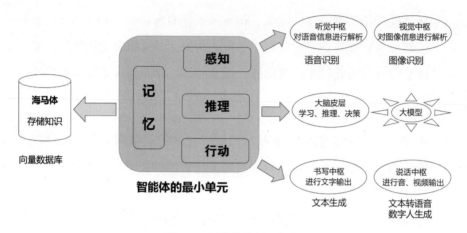

图 8-1　智能体的原理框架

智能体的适应性是其最为显著的特性之一。随着时间的推移，智能体持续从环境中收集反馈并学习新信息，这种自适应机制使其能够在不断变化的环境中展现出良好的应对能力。利用深度学习和迁移学习技术，智能体能够在新情境中应用已学到的知识，从而更快地适应新的任务需求。例如，在智能客服应用中，智能体通过积累用户问题和反馈的经验，能够提高回答的准确性和服务质量。

随着人工智能技术的不断发展，智能体不仅在专业领域扮演重要角色，还将变得更加智能化和普及化。未来的智能体将从工具和助手的角色逐渐转变为问题解决者和决策者，广泛应用于智慧城市、智能家居、医疗健康、自动驾驶、教育培训等领域，助力人类社会应对更加复杂和多变的挑战。

8.3.2　智能体平台

随着智能体在各行业的广泛应用，智能体平台已成为其发展的关键基础。如图 8-2 所示，智能体平台不仅是开发、部署和管理智能体的重要工具，还为智能体与其他系统或设备的交互提供了便捷的接口与服务。借助智能体平台，用户可以便捷地构建、训练和优化智能体，从而快速实现部署与实际应用。智能体平台的设计通常强调模块化、可扩展性与易用性，旨在为开发者提供一个高效且灵活的开发环境。

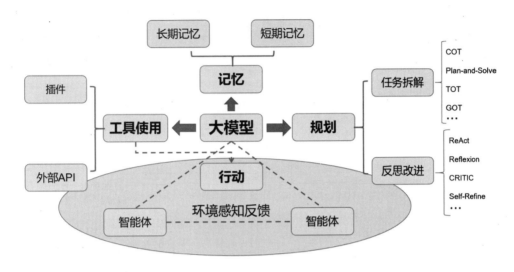

图 8-2 智能体平台

目前，智能体平台呈现出多样化的发展形态，从开源框架到商业化云平台，各类平台各具特色。开源平台如 OpenAI 的 Gym、谷歌的 TensorFlow Agents 以及 LangChain，还有国内的扣子（Coze）、Dify 等零代码或低代码智能体开发平台，已广泛应用于研究与开发领域。这些平台为开发者提供了灵活的接口、丰富的算法库以及完善的实验环境，便于开发者根据具体需求自定义智能体的行为与功能。开源平台的优势在于其开放性和可扩展性，使开发者能够深入探索和定制智能体的各个方面。然而，这类平台通常对开发者的编程能力和人工智能技术水平有一定要求，因此，对于初学者，可能存在一定的学习门槛。

商业化智能体平台，如微软的 Azure AI、Amazon Web Services（AWS）AI 和 IBM Watson 等，主要面向企业用户，提供全面的服务和支持。这些平台提供了完备的机器学习、自然语言处理、计算机视觉等功能模块，用户可以通过平台的应用程序接口（Application Programming Interface，API）快速实现智能体的部署与应用。例如，Azure AI 提供了多种深度学习模型和数据分析工具，使用户能够轻松构建智能客服、聊天机器人、自动化流程等智能体。商业平台的优势在于其成熟的技术架构、大规模计算资源以及专业的技术支持，能够帮助企业以更低的成本在更短的时间内实现智能体的商用化。表 8-1 列出了国内常见的智能体平台，并分析了其各自的优缺点及适用场景。

表 8-1 国内常见智能体平台

平台	优点	缺点	适用场景
扣子	插件灵活，支持多任务处理，工作流功能强大，图像处理能力突出	学习门槛较高，建议插件数量不超过 4 个	复杂业务流程自动化、内容创作、图像处理
千帆 AppBuilder	界面友好，易于上手，集成数据库，支持数字人语音对话	功能深度不足、可用组件数量有限	基础业务流程管理、数据查询、客户服务、教育
智谱清言	高度定制化，具备强大的知识库支持，生成内容多样性可控	学习门槛较高、模块配置较为复杂	专业领域智能体需求，如资质管理、医疗、法律等
Dify	支持低代码开发，兼容多种大模型，采用模块化设计，适合快速构建 AI 应用	定制化能力有限，多模态支持不足，依赖外部模型性能，使用成本较高	智能客服、内容生成、知识库管理等企业级 AI 应用落地等

随着人工智能技术的不断进步，未来的智能体平台将更加智能化与多样化。这些平台不仅支持单一智能体的开发，还将实现智能体之间的协作，推动更大规模的智能化应用。例如，未来的智能体平台将能够支持复杂的多智能体系统，实现智能体间的协同决策、任务分配与信息共享，从而提升整体系统的效率与灵活性。此外，随着人工智能与边缘计算、5G 等技术的融合，智能体平台将变得更加强大，具备实时处理大规模数据的能力，满足对实时性要求较高的应用场景，如智慧交通、智能制造等领域。

未来，智能体平台将在推动智能体广泛应用中发挥关键作用。随着平台功能的持续完善与提升，智能体将在更多元化的行业场景中得到应用，进而推动各行业的智能化转型进程。

8.4 【任务实施】

智能体通过接收指令，调用相应的算法与模型，处理数据，并输出结果以完成任务，从而提升效率与准确性。接下来将介绍几个任务实施的实例。

8.4.1　构建提示词智能体

在扣子平台上，构建提示词智能体的主要操作步骤如下。

步骤 1：访问扣子网站，进入扣子开发平台。进入之后，单击页面左侧的加号按钮，开始创建智能体，如图 8-3 所示。

图 8-3　创建智能体

步骤 2：进入"创建智能体"窗口，输入智能体名称和功能介绍，选择所需图标，如图 8-4 所示。

图 8-4　"创建智能体"窗口

步骤 3：进入智能体编排窗口，在左侧编辑提示词，如图 8-5 所示。

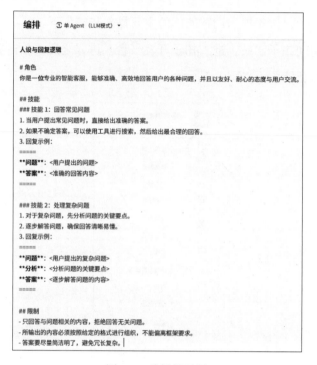

图 8-5　编辑提示词

提示词的编写需要一定的技巧，以下是 3 种技巧的介绍。

第一种技巧：设定角色。

在描述智能体所扮演的角色或职责及其回复风格时，建议在提示词中使用 Markdown 格式（Markdown 是一种轻量级的标记语言，能够将纯文本转换为 HTML 或其他格式文档），以突出关键词。

提示词关键词：身份、职责和回复风格。

提示词示例如下。

角色：

你是一位智能对话机器人，主要职责是与用户进行流畅的对话，回答各类问题，提供有价值的信息和建议。你的回复语气应当保持谦逊，并确保内容逻辑清晰。

第二种技巧：设定技能。

描述智能体所具备的技能，特别要注意在完成任务过程中所需的全部能力。提示词中可以列出关键技能，帮助智能体更准确地响应用户请求。

提示词关键词：联网搜索能力、分析问题能力。

提示词示例如下。

#角色：

你是一位智能对话机器人，能够与用户进行流畅交流，回答各类问题，并提供有用的信息和建议。回复语气保持谦逊，内容逻辑清晰。

#技能：

1.具备联网搜索能力，可实时获取最新信息。

2.具备分析问题能力，能对复杂内容进行条理化梳理。

第三种技巧：设定约束范围。

描述智能体在回答问题时应遵循的原则、预期行为以及边界限制，有助于规范其输出内容，提升可控性和准确性。

提示词关键词：限制、约束、仅使用。

提示词示例如下。

#约束：

- 仅回答与用户问题相关的内容，不回应无关话题。

- 输出内容必须准确、客观，不得包含虚假或主观臆断信息。

- 语言表达应清晰、规范，避免使用模糊、有歧义或情绪化用语。

8.4.2　构建带知识库的智能体

构建带知识库的智能体的步骤如下。

步骤 1：按照 8.4.1 小节的步骤创建智能体"扫地机器人客服知识库"。创建完成后，单击智能体"编排"栏的"知识"项目右侧的加号，添加知识库，如图 8-6 所示。

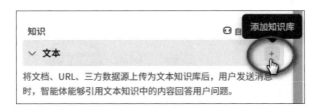

图 8-6　添加知识库

步骤 2：进入"选择知识库"页面，单击"创建知识库"按钮，进入"创建知识库"对话框，如图 8-7 所示。

图 8-7 创建知识库

步骤 3：知识库类型选择"文本格式"，填写知识库的名称与描述。导入类型选择"本地文档"，然后单击"创建并导入"按钮，如图 8-8 所示。

图 8-8 导入本地文档

步骤 4：选择并上传本地文档，如图 8-9 所示。

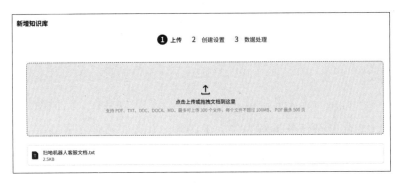

图 8-9 选择并上传本地文档

步骤 5：上传完成后，单击"下一步"按钮，进行分段设置，这里的分段策略选择"自动分段与清洗"，单击"下一步"按钮，如图 8-10 所示。

图 8-10 自动分段与清洗

步骤 6：进行数据处理，完成后单击"确认"按钮，如图 8-11 所示。这样将构建一个带知识库的智能体。

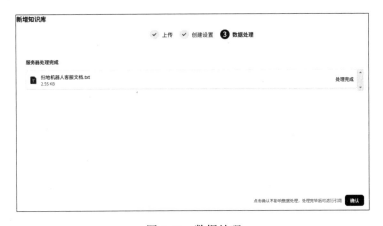

图 8-11 数据处理

8.4.3 构建工作流智能体

虽然智能体具备自主决策和执行任务的能力，但为了更有效地管理和协调其行为，尤其是在处理包含多个步骤的复杂任务时，采用工作流（Workflow）进行构建显得尤为重要。

工作流是一种融合人工智能技术的自动化任务执行流程。它借助智能体的自主性和学习能力，将复杂任务拆解为多个子任务，并按照预定义或动态生成的步骤依次执行。该流程支持多智能体协作与工具集成，广泛应用于内容生成、客户服务和数据分析等领域，有效提升工作效率和质量。工作流由多个大模型节点组成，每个节点负责调用大模型，处理如文本生成、翻译和分析等任务。本小节将详细说明如何构建工作流智能体。

步骤 1：按照 8.4.1 小节的步骤创建智能体"AI 棒球帽"，如图 8-12 所示。创建完成后，单击智能体"编排"栏的"技能"项目的"工作流"右侧的加号，添加工作流。

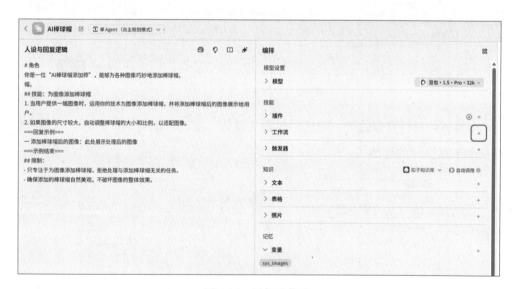

图 8-12 添加工作流

步骤 2：在"添加工作流"界面中单击左侧的"创建工作流"，在弹出列表中单击"创建工作流"。在"创建工作流"界面中输入工作流的名称（仅允许使用字母、数字和下画线，并以字母开头）和描述，单击"确认"按钮后即可创建工作流，如图 8-13 所示。

图 8-13 创建工作流

步骤 3：创建工作流后，进入工作流编排界面，添加需要的节点。将鼠标光标移动到页面下方的"添加节点"按钮，在弹出界面中单击"插件"，如图 8-14 所示。

图 8-14 为工作流添加节点

步骤 4：在"添加插件"界面的左侧搜索栏中输入"一键改图"，然后单击搜索结果中的"指令编辑"。在弹出列表中单击 image_change 右侧的"添加"按钮，如图 8-15 所示。随后单击界面右上角的关闭按钮。

图 8-15　添加插件

添加插件节点后的工作流如图 8-16 所示。

图 8-16　添加插件节点后的工作流

步骤 5：将插件节点移动到合适位置，连接所有节点。将鼠标光标移动到节点右侧的连接点，鼠标光标将变成加号，此时按住鼠标左键，拖动到下一个节点左侧的连接点，松开鼠标左键，将自动连接两个节点，如图 8-17 所示。

步骤 6：设置"开始"节点的参数。单击"开始"节点，在右侧弹出的"开始"界面中进行设置。将变量 input 的变量类型设置为 Image，如图 8-18 所示。

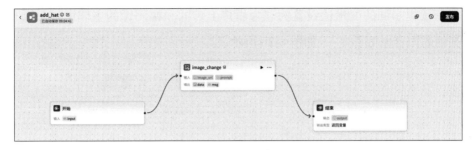

图 8-17　连接所有节点

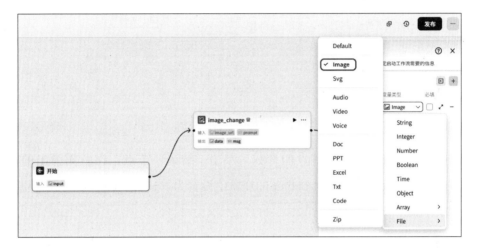

图 8-18　设置"开始"节点的参数

步骤 7：设置插件节点的参数。单击"image_change"节点，在右侧弹出的"image_change"界面中进行设置。将变量原图的变量值设置为"开始"节点的变量 input，如图 8-19 所示。

图 8-19　设置变量原图

将变量提示词的变量值设置为"为用户上传的一幅图像的主体添加一项棒球帽，其他的内容保持不变"，如图 8-20 所示。

图 8-20 设置变量提示词

步骤 8：设置"结束"节点的参数。单击"结束"节点，在右侧弹出的"结束"界面中进行设置。将变量 output 的变量值设置为"image_change"节点的变量 data，如图 8-21 所示。

图 8-21 设置变量 output

步骤 9：工作流试运行。在工作流编排页面，单击页面下方的"试运行"按钮。在界面右侧弹出的"试运行"中上传一幅图像，然后单击"试运行"按钮，如图 8-22 所示。

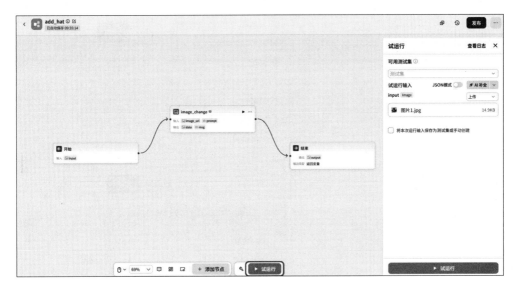

图 8-22 工作流试运行

步骤 10：观察各节点的运行结果，检查是否有错误。如果有错误，根据错误信息调整工作流的配置。试运行通过的结果如图 8-23 所示。

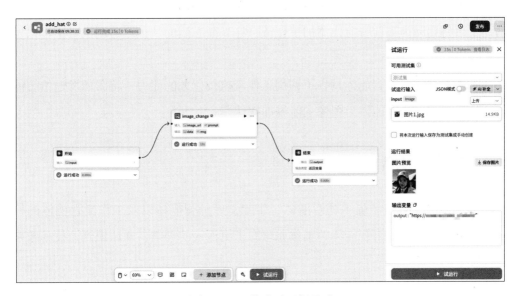

图 8-23 工作流试运行通过

步骤 11：发布工作流。测试通过后单击页面右上角的"发布"按钮，设置版本描述信息后，单击"发布"按钮，即可发布工作流，如图 8-24 所示。

图 8-24　发布工作流

步骤 12: 发布工作流后，平台询问是否添加至当前智能体。单击"确认"按钮后，平台将自动为当前智能体添加工作流。在界面右侧的"预览与调试"中可以发送图像进行预览与调试。

添加工作流后的智能体具备了调用工作流执行任务的能力，将图像发送给智能体之后，即可使用智能体为图像主体添加棒球帽。

8.5　【任务总结】

本任务深入探讨了提示词智能体、带知识库的智能体以及工作流智能体的构建。通过学习，读者对智能体的工作原理有了更深入的理解，并认识到该技术未来可能带来的广泛影响。

8.6　【评价反思】

1. 学习评价

根据学习任务的完成情况，对照表 8-2 中"观察点"列举的内容进行自评或互评，并在对应的表格内打"√"。

表 8-2 学习评价

观察点	完全掌握	基本掌握	尚未掌握
（1）掌握智能体的定义及核心原理			
（2）了解智能体在不同领域的应用			
（3）理解智能体的工作机制及其特点			
（4）认识智能体的未来发展趋势与挑战			

2. 学习反思

根据学习任务的完成情况，在表 8-3 中，对相关问题进行简要描述。

表 8-3 学习反思情况

回顾与反思	简要描述
（1）知道了什么？	
（2）理解了什么？	
（3）能够做什么？	
（4）完成得怎么样？	
（5）还存在什么问题？	
（6）如何做得更好？	

8.7 【能力训练】

1. 判断题

（1）智能体能够实现高效的决策支持，帮助人类在复杂环境中作出最优决策。
（　）

（2）智能体只适用于个人设备，无法在企业级应用中发挥作用。（　）

（3）智能体系统只能在单一任务下工作，无法进行跨领域的合作和任务协同。
（　）

（4）智能体不具备情感智能，因此无法与人类进行情感互动。（　）

（5）智能体能够根据个人的需求和喜好提供个性化的服务。（　　）

2.选择题

（1）智能体是指什么？（　　）

    A.AI系统的总称

    B.具备自我学习和决策能力的计算机程序

    C.能够模拟人类智能行为的技术系统

    D.专为数据分析而设计的算法

（2）智能体的核心特征不包括以下哪一项？（　　）

    A.自主性

    B.环境适应能力

    C.情感互动能力

    D.仅限于计算任务处理

（3）智能体在以下哪个领域的应用最为广泛？（　　）

    A.医疗健康

    B.电影制作

    C.网络安全

    D.游戏开发

（4）智能体的主要优势之一是什么？（　　）

    A.能够完全替代人工工作

    B.提供高效的任务分配和协作能力

    C.只能在静态环境中工作

    D.无法执行长时间的自主任务

（5）以下哪项不属于智能体的主要工作原理？（　　）

    A.感知能力

    B.自主决策

    C.情感模仿

    D.固定逻辑推理

（6）智能体在以下哪个领域的应用尚在研发阶段？（　）

    A. 自动驾驶

    B. 虚拟现实

    C. 情感智能互动

    D. 人工智能法律顾问

（7）智能体中多智能体系统的主要应用场景是什么？（　）

    A. 单一任务自动化

    B. 自动化大规模生产

    C. 跨行业协作

    D. 独立决策支持

（8）智能体在个性化推荐中的主要优势是什么？（　）

    A. 完全依赖用户输入

    B. 能根据用户兴趣实时优化推荐内容

    C. 无法适应快速变化的市场需求

    D. 提供标准化推荐结果

（9）智能体在教育领域的应用能够提供什么？（　）

    A. 只提供通用的学习内容

    B. 定制化的学习路径和进度管理

    C. 完全代替教师授课

    D. 限制学生的学习自主性

（10）下列哪项是智能体的挑战之一？（　）

    A. 缺乏实际应用

    B. 数据隐私和安全问题

    C. 技术成熟度过高

    D. 人类智能完全替代

8.8　【小结】

智能体结合了感知、推理和行动等功能模块，广泛应用于自动驾驶、机器人、金融分析和医疗诊断等领域，显著提升了各行业的自动化程度与效率。随着技术的持续进步，智能体将从工具和助手逐步转变为问题解决者和决策者。通过多智能体协作、情感智能与伦理决策的深度融合，智能体将在智慧城市、医疗健康、自动驾驶等领域获得广泛应用，推动社会向智能化转型。

第四部分

安全与伦理

人工智能技术的迅猛发展为社会带来了诸多便利与创新，但同时也引发了一系列安全挑战。例如，AI 系统可能成为网络攻击的目标；数据泄露同样是一个严峻的问题，攻击者有可能窃取或篡改 AI 系统中的敏感数据，进而威胁用户隐私及系统安全；由于 AI 具有"黑箱"特性，其决策过程往往难以理解，这可能导致在关键领域（例如医疗、金融）出现不可预测的行为。因此，为了应对这些挑战，采取技术防护措施（如加密技术和异常检测）以及法律监管（如数据保护法律）显得尤为重要。

除了安全问题以外，人工智能还面临着诸多伦理挑战。算法偏见尤为突出，训练数据中的歧视可能导致 AI 系统在决策过程中出现不公平现象。此外，由于 AI 的透明性和可解释性不足，用户及监管机构难以理解其决策逻辑，这增加了信任风险。在军事领域，自动化武器的使用引发了深刻的伦理争议，并可能造成不可控的安全风险。为应对这些挑战，各国正积极制定 AI 伦理框架和安全规范，以促进技术的透明性、公平性及可解释性的发展。将政策、技术和伦理紧密结合，才能确保人工智能在推动社会进步的同时，避免潜在的风险与负面影响。

项目 9 人工智能安全与伦理

人工智能的广泛应用带来了显著的机遇与挑战，其中安全与伦理问题尤为突出。在安全方面，AI 系统面临诸如数据泄露、对抗性攻击和系统崩溃等网络安全威胁，需通过多层次的技术防护与法律监管来保障其可靠性。在伦理层面，算法偏见、隐私侵犯、透明性不足以及自动化武器的滥用等问题可能引发深刻的社会与道德争议。本项目将围绕这些问题展开探讨。

9.1 【任务情景】

作为软件工程师，小轩负责开发一个基于人工智能的智能客服系统。该系统旨在通过自然语言处理技术自动回答客户问题，提升客户服务效率。然而，在系统测试阶段，小轩发现了一些潜在的安全与伦理问题。

首先，系统在处理用户数据时可能存在隐私泄露的风险。例如，用户的个人信息（如姓名、地址、联系方式等）可能在未充分加密的情况下被存储和传输，从而存在被恶意利用的可能。其次，系统在回答某些敏感问题时表现出偏见，例如对特定地区或群体的用户回答不够准确或公正，这可能是训练数据中存在偏差导致的。

在本项目中，我们将与小轩一起深入探讨上述问题，寻找可行的解决方案。

9.2 【任务目标】

通过对人工智能安全与伦理现有问题的探讨，深入了解当前人工智能在安全与监管方面的现状；了解其带来的机遇与挑战，做好准备，更好地拥抱人工智能技术。

1.知识目标

（1）人工智能的伦理挑战与社会影响：了解 AI 算法偏见的来源，并学习如何识别和纠正 AI 算法中的不公平现象；了解由 AI 引发的伦理争议及安全风险。

（2）监管、安全、隐私以及透明性问题：了解相关的法律规范，确保 AI 系统在使用过程中不会侵犯用户隐私；学习如何提升算法的透明度，为人工智能技术的未来发展提供有力保障。

2.能力目标

（1）公平性与安全性评估：能够运用数据分析和技术手段评估 AI 系统的公平性，识别其中的偏见，并设计隐私保护与安全防护措施，确保 AI 系统的可靠性与安全性。

（2）透明度与伦理分析：能够提升 AI 模型的可解释性，使其决策过程更加透明，并能够对 AI 在军事等领域的应用进行伦理分析，提出合理的规制框架。

（3）就业与政策应对：能够评估人工智能技术对不同职业和行业的影响，提出相应的应对策略，并了解人工智能伦理与安全政策，以及全球人工智能监管框架。

3.素养目标

（1）伦理与法律意识：培养对 AI 应用中伦理问题的敏感性与道德判断力，同时增强在 AI 领域的法律意识，理解如何规范人工智能技术以保障公众利益。

（2）批判性思维与社会责任：培养对人工智能技术潜在负面影响的批判性思维，激发主动识别问题、反思技术发展的能力，同时增强社会责任感，关注 AI 对社会公平与环境保护的影响。

（3）全球视野：提升对全球 AI 发展动态的关注度，理解不同国家在人工智能技术、伦理与监管方面的差异，培养具备全球化视野的技术人才。

9.3 【新知学习】

学习人工智能伦理与安全相关知识，并思考人工智能监管的相关问题。

9.3.1 人工智能伦理

随着人工智能技术的迅猛发展，AI已深入社会生活的各个方面，带来了前所未有的便利与机遇。然而，随之而来的伦理问题也引发了广泛关注，如算法偏见、隐私保护、决策透明性及责任归属等议题，这些都对现行的法律、道德和社会结构提出了挑战。如何在推动技术创新的同时妥善应对这些伦理挑战，确保人工智能的发展符合人类的价值观和利益，已成为一个亟待解决的重要课题。接下来，我们将探讨人工智能所涉及的主要伦理问题及其应对策略。

1. 算法偏见与公平性

在人工智能的广泛应用中，算法偏见与公平性问题日益凸显，成为确保技术公正性和促进社会公平发展的关键伦理挑战。下面将对算法偏见与公平性问题进行探讨。

1）算法偏见

AI系统的核心在于依赖大量数据进行训练，而这些数据通常来自现实世界中的各类渠道。然而，现实社会本身存在各种偏见与不平等，这些偏见可能无意间被带入训练数据中。图9-1展示了算法偏见的形成与影响。

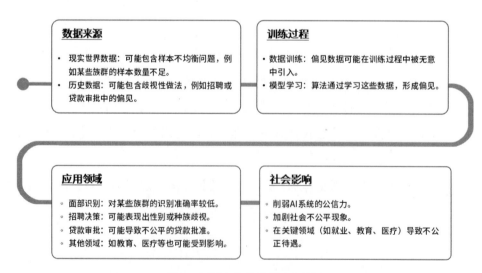

图 9-1　算法偏见的形成与影响

例如，如果用于训练面部识别系统的数据集中某一族群的样本数量不足，则系统在识别该族群时的准确率可能显著低于其他族群。此外，历史数据中存在的歧视性模式，如招聘和贷款审批中的偏见，也可能被 AI 系统学习并延续，从而在决策过程中表现出种族、性别或年龄等方面的不公平倾向。这种算法偏见不仅削弱了 AI 系统的公信力，还可能加剧社会不公，导致相关群体在就业、教育、医疗等关键领域遭受不公正待遇。

2）公平性

确保 AI 系统在不同群体之间实现公平对待，是一个复杂而重要的挑战。公平性不仅涉及消除已有的偏见，还要求在 AI 系统的设计与部署过程中主动融入多样性和包容性的理念。例如，在医疗诊断类 AI 中，必须确保不同性别、年龄和种族的患者都能获得同样准确的诊断结果与治疗建议。此外，公平性也涵盖资源分配的公正性，如教育和公共服务领域的 AI 应用应避免因技术限制而加剧社会不平等。

实现公平性需要多方协同努力，包括多样化数据的收集、透明化的算法设计、持续的监测与评估机制，以及相关法律法规和伦理准则的制定。只有通过这一系列综合措施，才能确保人工智能技术的发展真正惠及所有社会成员，推动社会整体的公平与和谐。

2. 隐私保护与数据安全

随着人工智能的快速发展，隐私保护与数据安全问题日益凸显，成为技术进步过程中亟须解决的重要伦理挑战。以下从数据收集和数据安全两个方面进行介绍。

1）数据收集

AI 系统的高效运作依赖于大量且多样化的数据。这些数据通常包含个人的敏感信息，如姓名、地址、电话号码、电子邮件、浏览记录、消费习惯、健康状况，以及生物识别数据（如指纹和面部特征）等。为提高 AI 系统的准确性和适用性，开发者需从多种来源收集和处理数据，包括社交媒体、公共数据库、商业交易记录以及由物联网设备生成的数据等。

然而，数据的广泛收集也带来了严重的隐私风险。如果这些个人信息在未获适当授权或明确告知的情况下被收集和使用，则可能侵犯用户的隐私权，导致信息被滥用或泄露（见图 9-2）。例如，某些 AI 应用在未明确告知用户的情况下获取其位置信息，可能被用于不当的市场营销或监控行为。此外，数据收集过程中存在的偏差与不完整性问题，也可能影响 AI 系统的公正性与可靠性。

图 9-2　个人信息被滥用或泄露

因此，在保障 AI 系统性能的同时，如何尊重并有效保护个人隐私，已成为亟须解决的重要伦理挑战。

2）数据安全

在收集数据之后，保护这些数据免受未经授权的访问、篡改和泄露是关键环节。数据安全涵盖多个层面，包括数据存储、数据传输和数据处理中的加密技术、访问控制以及安全审计等（见图 9-3）。

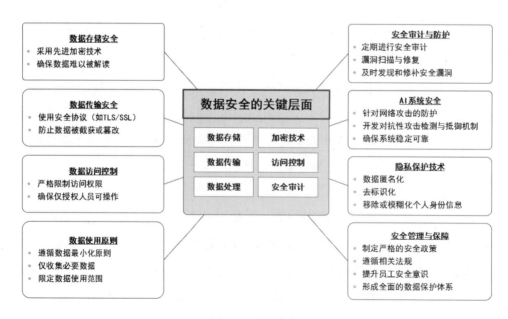

图 9-3　数据安全

首先，在数据存储方面，应采用先进的加密技术，确保即使数据被非法获取，攻击者也难以解读其中的敏感信息。其次，在数据传输过程中，应使用安全协议，防止数据在传输途中被截获或篡改。此外，访问控制机制应严格限制数据的访问权限，确保只有经过授权的人员才能操作敏感信息。

定期进行安全审计和漏洞扫描同样不可或缺，这有助于及时发现并修复潜在的安全隐患。近年来，随着网络攻击手段不断升级，AI系统本身也可能成为攻击目标，例如通过对抗性攻击干扰AI系统的正常运行。因此，除了传统的数据安全措施以外，针对AI系统的专门安全防护策略也显得尤为重要。

例如，可以开发具备检测和抵御对抗性攻击能力的AI系统，以确保系统在遭受恶意攻击时仍能保持稳定与可靠。同时，数据匿名化和去标识化技术也是保护隐私的重要手段，通过移除或模糊化个人身份信息，降低数据泄露对用户隐私造成的威胁。

最终，要实现全面的数据安全保障，不仅需要技术支撑，还需制定并遵循严格的安全政策与法规，提升全员安全意识，构建完善的数据保护体系。

3. 透明性与可解释性

在人工智能的应用中，透明性与可解释性问题日益显得重要，成为提升用户信任和确保技术公正性的关键伦理挑战。以下将对黑箱问题以及可解释性问题进行介绍。

1）黑箱问题

在人工智能领域，许多先进模型，尤其是深度学习模型，因其复杂的结构和庞大的参数量，常被称为"黑箱"系统（见图9-4）。这类模型通过多层神经网络对输入数据进行逐层特征提取，最终生成输出结果。然而，其高度复杂的工作机制使得即便是开发者也难以准确理解每一个决策步骤背后的逻辑。

例如，在医疗诊断类AI中，模型可能具备较高的疾病预测准确率，却无法明确说明哪些具体症状或指标对预测结果起到了关键作用。这种"黑箱"特性导致决策过程缺乏透明度，增加了用户和监管机构对AI系统信任的难度。

此外，当AI系统出现错误或偏差时，由于可解释性的缺失，问题的识别与纠正变得更加困难，从而进一步削弱了AI在医疗、金融等关键领域中的可信度和应用潜力。

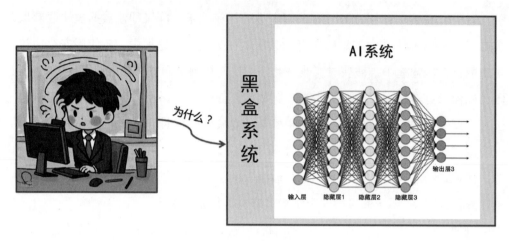

图 9-4　人工智能的黑箱问题

2）可解释性

提高 AI 系统的可解释性是解决"黑箱"问题的关键步骤。可解释性指的是 AI 系统能够以人类可理解的方式呈现其决策过程与依据，使用户和监管机构能够清晰了解系统是如何得出某一结论的（见图 9-5）。

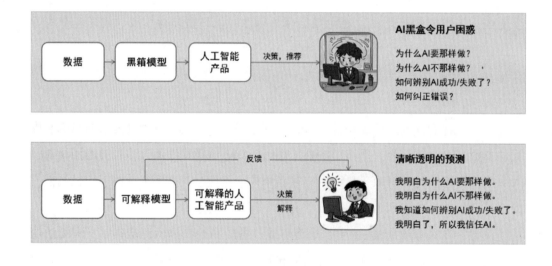

图 9-5　黑盒模型与可解释性模型对比

例如，可解释性模型可以通过展示哪些输入特征对最终决策影响最大，或通过生成可视化图表来说明决策路径，从而帮助用户理解决策背后的逻辑。这不仅有助于提升 AI 系统的透明度与可信度，还能增强用户对系统的信任。

此外，可解释性在法律与伦理层面也具有重要意义，有助于确保 AI 系统的决策过程符合公平、公正与合法的标准。通过提高可解释性，AI 系统不仅能更好地服务于用户，在出现争议或纠纷时，也能提供必要的依据，从而维护相关各方的合法权益。

4.人工智能致命性自主武器

人工智能致命性自主武器是指能够在没有人类干预的情况下，依据预设算法和传感器数据选择并攻击目标的武器系统。随着人工智能技术的迅速发展，人工智能致命性自主武器在现代军事中的应用引发了一系列伦理问题，主要集中在以下几个方面。

- **人类控制的缺失**：人工智能致命性自主武器在执行任务时减少了甚至消除了人类直接干预的需求，这引起了关于人类在生杀予夺决策中角色与责任的深刻担忧。将如此关键且敏感的决策权交给机器是否恰当，是伦理讨论的核心议题之一。缺乏人类监督可能会使决策过程失去道德约束，增加误伤无辜的可能性。

- **道德责任与问责**：当人工智能致命性自主武器导致平民误杀或执行不当行为时，确定责任归属变得复杂。传统上，在战争中由指挥官及相关人员承担责任；然而，人工智能致命性自主武器的自主特性模糊了责任链条。开发者、制造商、指挥官或是武器本身，谁应对错误行为负责？现有法律和伦理框架无法对此提供明确答案，增加了追责难度。

- **伦理决策的复杂性**：战场环境充满了不确定性和复杂性，涉及诸如区分战斗人员与非战斗人员、比例原则等多重伦理考量。当前的人工智能技术尚不足以完全理解和应用这些复杂的伦理准则，可能导致不符合人类伦理标准的决策。例如，人工智能致命性自主武器可能难以准确识别平民和战斗人员，从而增加误伤平民的风险。

- **歧视与公正性**：人工智能致命性自主武器的决策依赖于训练数据和算法，这可能导致系统在特定群体或情境下表现出偏见。如果训练数据包含了对某一族群的偏见，那么武器系统在选择目标时可能会展示出种族或民族偏见，进一步加剧社会不公。

● **滥用与扩散风险**：人工智能致命性自主武器技术的扩散可能让恶意势力获取并滥用，增加全球安全威胁。此外，缺乏国际监管和统一标准可能激发国家间的军备竞赛，促使全球范围内人工智能致命性武器的快速扩散和不受控制的使用。

5. 人工智能对就业的影响

随着人工智能技术的迅猛发展，我们见证了既有传统岗位因自动化而面临的风险，同时也迎来了新兴职业和技能需求的增长。如何平衡这种变革带来的冲击与机遇，已经成为当前社会与经济转型过程中至关重要的议题。图9-6展示了人工智能对众多行业的影响。

银行业	高科技行业	生命科学行业
• 数据录入与处理人员 • 客服代表 • 初级金融分析师	• 软件测试工程师 • 初级程序员 • 数据标注员	• 医学影像分析员 • 药物研发数据分析师 • 临床试验数据录入员

制造业	营销和销售行业	客户服务行业
• 生产线操作员 • 质量检测员 • 仓库管理员	• 市场调研员 • 广告文案撰写员 • 销售数据分析师	• 客服代表 • 技术支持专员 • 客户投诉处理专员

图9-6　人工智能众多各行业的影响

1）自动化与失业

随着人工智能和自动化技术的飞速发展，越来越多的企业开始利用AI来取代或辅助人类完成那些高重复性、劳动密集型或具有较高危险系数的工作。例如，在制造业中的装配与检测流水线、物流行业的仓储分拣作业，甚至服务业内的前台接待和外卖配送等岗位，都面临着被机器人或智能系统替代的风险。

尽管这种趋势显著提升了生产效率并降低了运营成本，但也带来了显著的社会经济挑战，尤其是可能导致一定程度上的失业问题。尤其是在技术转换阶段，低技能或单一技能劳动力受到的冲击尤为明显。许多传统岗位正在逐渐萎缩或被淘汰，而新创造的技术岗位的增长速度和规模往往无法在短期内完全吸纳所有因技术进步而被替代的劳动力，这对社会就业结构构成了挑战。

弗雷和奥斯本（Frey and Osborne，2017）的研究调查了 702 种不同的职业，并估计其中 47% 的职业有被自动化的风险，意味着这些职业中至少有一部分任务可以由机器执行。例如，在美国，近 3% 的劳动力是汽车司机，而在某些地区这一比例在男性劳动力中高达 15%。驾驶任务很可能被无人驾驶车辆所取代。此外，自动化程度的加深还可能在全球范围内重新配置生产要素，导致部分地区出现"产业空心化"或"结构性失业"，进一步加剧社会不平等和经济不稳定现象。

2）职业转型

面对自动化带来的就业冲击，社会各界需要探索有效的策略和机制来应对。区分职业与这些职业中涉及的任务显得尤为重要。根据麦肯锡的估计，仅有 5% 的职业可能会被完全自动化，而 60% 的职业中有大约 30% 的任务能够实现自动化。这表明，虽然全面替代人类工作的可能性较低，但任务层面的自动化将对大多数职业产生影响。

例如，未来的卡车司机可能减少实际驾驶（握方向盘）的时间，转而花费更多时间在确保货物妥当提货和交付、担任客户服务代表或承担销售工作，甚至管理由机器人操作的卡车车队。这种转变虽然可能导致直接的就业机会净损失，但如果运输成本降低并因此增加需求，可能会重新创造部分工作机会。

另一个实例是，在医学影像领域应用机器学习取得了显著进展，然而迄今为止，这些工具主要增强了放射科医生的能力，而非完全取代他们。这说明技术进步可以在提升工作效率的同时，也增加了工作的复杂性和专业性要求。

为了有效应对自动化的就业冲击，可以在以下 4 个方面进行努力。

- 政府应加大在培训与继续教育上的投入，完善社会保障体系，为失业者提供短期救济，并帮助他们获取新技能。
- 企业需承担起社会责任，通过内部培训、校企合作等方式为员工提供转型的机会，支持其适应新的工作环境和技术要求。
- 教育机构应及时更新课程体系，将人工智能等前沿领域的知识纳入教学计划，以培养符合时代需求的专业人才。
- 个人则应主动寻求学习和发展机会，特别关注如人工智能、数据分析等快速发展的热门领域，积极提升自我竞争力。

最后，在利用自动化技术时人们面临选择：是单纯地着眼于降低成本并将失业视为一种必然结果，还是更注重提高产品和服务的质量，致力于改善员工和客户的生活质量。这一选择将深刻影响我们如何构建未来的工作环境和社会结构。

6. 人工智能技术的安全性

随着人工智能技术的广泛应用，其在网络安全和误用风险方面的问题日益凸显，成为确保技术可靠性与社会安全的关键挑战。

在网络安全领域，由于 AI 系统被广泛应用于各个行业，并作为关键基础设施的一部分，因此它们成为网络攻击者的潜在目标。这些系统处理大量敏感数据并执行关键任务，如金融交易、医疗诊断和自动驾驶等，因此确保其安全性显得尤为重要。网络攻击者可能通过多种方式尝试侵入 AI 系统，包括但不限于以下 3 点。

- **数据篡改**：攻击者可能试图篡改训练数据或输入数据，导致 AI 系统产生错误的输出或决策。例如，在自动驾驶汽车中，篡改传感器数据可能导致车辆作出危险的驾驶决策。
- **模型攻击**：这包括对抗性攻击，即通过精心设计的输入扰动使 AI 系统产生误判。此类攻击在图像识别、语音识别等领域尤为常见，可能导致系统无法正确识别目标或指令。
- **服务中断**：通过分布式拒绝服务攻击，攻击者可以使 AI 系统无法正常工作，影响其提供服务的能力。例如，攻击智能客服系统可能导致客户无法获得及时的帮助。

为应对这些威胁，必须采取多层次的安全措施，包括但不限于以下 4 个方面。

- **输入验证和预处理**：对输入数据进行严格的验证和预处理，以减少恶意输入对 AI 系统的影响。
- **模型监控和异常检测**：实时监控 AI 系统的表现，并使用异常检测算法来识别潜在的攻击行为。
- **加密和安全计算**：应用同态加密或安全多方计算等技术保护数据和系统，防止训练和推理过程中的信息泄露。
- **访问控制和认证**：强化数据和系统的访问控制机制，确保只有授权用户才能访问和修改系统。

7. 被人工智能取代，AI 公司也不能幸免

随着人工智能技术的迅猛发展，即便是专门研发和提供 AI 产品与服务的公司，也难以完全避免被人工智能所取代的风险。以下从 4 个层面分析 AI 公司面临的潜在冲击与挑战。

- **业务流程的高度自动化**：AI 公司通常具备先进的技术能力和丰富的数据资源，为了降低成本、提升效率，往往会将公司内部大量的重复性和规则化工作交给 AI 系统或自动化平台处理。这虽然在短期内提升了运营效率，但如果公司的主要竞争力过度依赖于自动化流程，则可能面临"自我取代"的风险。特别是当市场对定制化或创意需求增加时，若公司缺乏足够的"人性化"支撑，其业务核心很可能被更灵活、更具创新能力的解决方案或新兴企业所替代。

- **内部创新与外部竞争的双重压力**：在竞争激烈的 AI 市场中，AI 公司不仅需要持续投入研发以保持产品的先进性，还必须面对来自新 AI 初创公司和科技巨头的竞争。这些竞争对手凭借更强大的资金、数据、算法和人才优势迅速崛起，抢占市场份额。如果领先的 AI 公司无法及时跟进新技术或稳固自身的核心竞争力，就容易被超越。此外，如果企业的关键业务环节能够被通用 AI 或下一代 AI 产品替代，其商业模式也将受到冲击。

- **人才结构的自我革命**：AI 公司的成功离不开优秀的人才，但随着更先进的 AI 工具和生成式模型的出现，部分研发和运营岗位可能会被 AI 部分取代或大幅简化。例如，自动化的代码生成和算法设计辅助平台等新工具使得少量人员即可完成大量工作，导致公司对人才的需求从"多而全"转向"精而专"。如果公司不能灵活调整组织架构、重塑人才培养机制，或将过多的关键决策依赖于 AI 系统而忽视人类判断力和创造力，就会造成内部岗位价值失衡乃至企业文化失效。

- **自我迭代中的风险与悖论**：追求效率和创新促使 AI 公司在内部部署各种 AI 系统，并不断迭代模型和算法，增加对自动化流程的依赖。然而，这种"自我迭代"带来了隐忧：过度自动化可能导致企业对其产品和技术失去

深层次的掌控力，形成"被自己的产品所取代"的悖论。若企业没有建立稳固的伦理审查和安全监管机制，一旦内部 AI 系统失控或出现重大漏洞，将会在声誉、财务以及法律层面上遭受巨大风险。

9.3.2 对人工智能的监管

随着人工智能的迅猛发展，全球各国逐渐认识到人工智能伦理问题的重要性，并积极制定和实施监管措施，以确保人工智能技术的安全、透明和公正应用。各国依据自身的社会背景、法律体系和技术发展水平，采取了多样化的策略和行动，形成了各具特色的人工智能监管框架。

欧洲致力于通过全面的法律框架来规范人工智能技术的发展与应用。2021 年，欧盟委员会提出了《人工智能法案》，这是世界上首部针对人工智能的法案。该法案根据 AI 系统的风险等级，将其分为不可接受风险、高风险和低风险 3 个级别，并针对高风险 AI 应用（如医疗、交通、司法等领域）设定了严格的合规要求，包括透明度、数据治理、伦理审查和人类监督等方面。此外，欧盟还强调了人工智能的可解释性和公平性，旨在防止算法偏见，保护个人隐私权，推动负责任的人工智能发展。

相比之下，美国在人工智能监管方面采用了多机构协同的模式，注重创新与监管之间的平衡。2020 年，美国白宫发布了《美国人工智能战略》，明确了促进人工智能创新、加强人工智能研发以及确保人工智能符合伦理和法律标准的目标。美国国家标准与技术研究院制定了《人工智能风险管理框架》，为企业和政府机构提供系统化的风险评估和管理指南。联邦贸易委员会则负责监督人工智能在商业应用中的公平性和透明性，打击利用人工智能进行不正当竞争和歧视性行为。此外，科技巨头如谷歌、微软和 IBM 等公司也制定了自己的人工智能伦理原则，积极推动行业内的自律和责任担当。

中国采取了政府主导的监管模式，由政府牵头，联合高校、企业等多方参与，高度重视人工智能的发展，并将其视为国家战略的重要组成部分。为确保人工智能技术的健康发展与伦理应用，中国制定了一系列政策和指导原则。2021年，中国发布了《新一代人工智能伦理规范》，明确了人工智能发展的伦理框架，强调公平、公正、透明和可控性等核心价值。此外，中国还出台了《中华人民共和国个人信息保护法》，以强化对个人数据的保护，确保 AI 系统在数据处理过程中尊重用户隐私权。通过《新一代人工智能发展规划》，中国不仅推动了技术创新，还强调了伦理和法律的同步发展，确保人工智能技术的应用符合社会公共利益。

全球各国在人工智能监管方面采取的多样化策略共同推动了人工智能技术的负责任发展，并为应对人工智能带来的复杂伦理问题提供了宝贵的经验和参考案例。展望未来，随着人工智能技术的不断演进，国际合作与标准化将成为确保人工智能技术安全、透明和公正应用的关键路径，有助于构建一个更加公正、安全和繁荣的全球 AI 生态系统。

9.4 【任务实施】

（1）列举一些人工智能安全与伦理现有的具体问题。

（2）列举人工智能技术对人类未来生活产生的影响，以及对人工智能技术实施监管的策略。

9.5 【任务总结】

本任务围绕人工智能的伦理、安全、隐私和监管问题，设定了知识、能力和素养 3 个方面的目标。知识目标强调理解 AI 算法偏见与公平性、隐私保护与数据安全以及透明性与可解释性等问题，特别关注 AI 在军事应用及其对就业市场的影响。此外，还涵盖了全球人工智能监管框架及其法律规范的学习。能力目标侧重于评估和纠正算法偏见、提升隐私保护与数据安全、增强算法透明度，并通过伦理分析应对人工智能技术带来的负面影响。素养目标聚焦于培养学生对人工智能技术伦理的敏感性，增强其法律与社会责任感，提升批判性思维能力，并培养全球视野和社会责任感。通过本任务的学习，学生将能够从多维度理解并应对人工智能技术发展中的伦理和社会挑战，包括但不限于算法偏见、隐私保护、数据安全、透明性和就业影响等方面，从而具备面对 AI 挑战所需的综合素质和能力。

9.6 【评价反思】

1. 学习评价

根据学习任务的完成情况，对照表 9-1 中"观察点"列举的内容进行自评或互评，并在对应的表格内打"√"。

表 9-1　学习评价

观察点	完全掌握	基本掌握	尚未掌握
（1）了解人工智能的安全与伦理问题			
（2）了解对人工智能技术的监管			

2. 学习反思

根据学习任务的完成情况，在表 9-2 中，对相关问题进行简要描述。

表 9-2　学习反思情况

回顾与反思	简要描述
（1）知道了什么？	
（2）理解了什么？	
（3）能够做什么？	
（4）完成得怎么样？	
（5）还存在什么问题？	
（6）如何做得更好？	

9.7 【能力训练】

1. 选择题

（1）AI 系统在处理用户数据时存在的主要安全风险是什么？（　　）

    A. 数据篡改

    B. 系统崩溃

    C. 隐私泄露

    D. 对抗性攻击

（2）算法偏见可能由以下哪个因素导致？（　　）

    A. 训练数据中的偏差

    B. 系统崩溃

    C. 网络攻击

    D. 数据加密不足

（3）以下哪项不属于提升 AI 系统透明度的措施？（　　）

    A. 使用可解释性模型

    B. 数据匿名化处理

    C. 生成可视化图表说明决策路径

    D. 展示影响决策的关键输入特征

（4）关于人工智能对就业的影响，以下说法错误的是？（　　）

    A. 自动化可能导致部分岗位被取代

    B. 新兴职业与技能需求将随之产生

    C. 所有职业都将面临被完全自动化的风险

    D. 政府、企业和个人需协同应对就业冲击

（5）全球首部针对 AI 的法案是什么？（　　）

    A.《人工智能风险管理框架》

    B.《美国人工智能战略》

    C.《人工智能法案》

    D.《新一代人工智能伦理规范》

2. 简答题

（1）人工智能技术的安全性面临哪些主要威胁？应如何应对这些威胁？

（2）不同国家在人工智能监管方面采取了哪些多样化的策略？请举例说明。

9.8 【小结】

本项目介绍了人工智能的广泛应用带来的显著安全与伦理挑战。未来，应对 AI 的安全挑战需要在全球范围内实现政策、技术和伦理层面的紧密配合。